W0258732

CLAUSTHALER TEKTONISCHE HEFTE

Herausgeber:

Professor Dr. Andreas Pilger
Geologisches Institut
der Technischen Universität Clausthal
Leibnizstraße 10
D-3392 Clausthal-Zellerfeld

Autor:

Diplom-Physiker Dr. Mebus A. Geyh
Direktor und Professor
Niedersächsisches Landesamt für Bodenforschung
Postfach 51 01 53, Stilleweg
D-3000 Hannover-Buchholz

Abb. der Titelseite siehe Seite 30

ISBN: 3-87639-019-2

Verlag Ellen Pilger
D-3392 Clausthal-Zellerfeld, Berliner Straße 125

Physikalische und Chemische Datierungsmethoden in der Quartär-Forschung

Praktische Aspekte zur Entnahme, Auswahl und Behandlung von Proben sowie zur Beurteilung und Interpretation geochronologischer Ergebnisse

von

MEBUS A. GEYH

163 Seiten, 21 Figuren, 6 Tabellen und ein Faltblatt

1983   Verlag Ellen Pilger, Clausthal-Zellerfeld

ISBN 978-3-540-62821-7   ISBN 978-3-642-51148-6 (eBook)
DOI 10.1007/978-3-642-51148-6

INHALTSVERZEICHNIS

VERZEICHNIS DER FIGUREN   Seite

VORWORT

Als 1970 im Pilger-Verlag das Buch "Die ^{14}C-Methode" (GEYH 1971) er-
schien, waren die zukünftigen meßtechnischen Fortschritte in der Geochronologie nicht vorherzusehen. Entscheidende Impulse kamen von der Mikroe-
lektronik, von den positiven Erfahrungen, Teilchenbeschleuniger als hochauflösende Massenspektrometer für Datierungszwecke (Kap. 3.2) einzusetzen,
und von neuen Aufgaben im Rahmen ökologischer Studien, bei denen sich geochronologische Analysen bewähren.

Die Entwicklung in den Siebziger Jahren hat geholfen,

- andere Datierungsmethoden (GEYH 1980) neben der ^{14}C-Methode
  für den routinemäßigen Einsatz vorzubereiten,
- die benötigten Substanzmengen zu verkleinern,
- das Probenspektrum zu erweitern,
- die Datierungslücke zwischen 50 000 und 1 Million Jahre zu
  schließen und
- verbesserte Interpretationsmodelle zu entwickeln.

Die negative Seite dieser Entwicklung ist die entstandene Konfusion über
nicht miteinander vergleichbare Zeitskalen (GEYH & FRANKE 1981), die eine
noch engere Zusammenarbeit der Probeneinsender mit dem Geochronologen notwendig macht.

1.   EINLEITUNG

Das Buch wendet sich an in der Praxis arbeitende Geologen, Geographen und
Archäologen, an Studierende oder einfach an der Geochronologie interes-
sierte Leser, die nur mit dem Quartär zu tun haben. Wer sich über Datierungsmethoden informieren will, die auch die älteren geologischen Zeitabschnitte erfassen, muß auf weitergehende Darstellungen (GEYH 1980; CURRIE
1982) zurückgreifen.

In diesem Heft werden die in der Praxis erprobten Methoden und ihr

Einsatzgebiet beschrieben. Einen schnellen Einblick in die **Datierungsbe-**
reiche und über die geeigneten Substanzen vermittelt der Anwendungsspiegel
(Anhang II). Methodische Grundlagen und praktische Hinweise zur Entnahme,
Auswahl, Lagerung, Verpackung und Versand der Proben sowie über spezielle
Interpretationsprobleme geochronologischer Daten werden in den einzelnen
Kapiteln behandelt bzw. gegeben. Die Beschreibung der Meßtechniken be-
schränkt sich auf die Aspekte, die der Probeneinsender für die Arbeitspla-
nung wissen sollte.

Um die Wahl der für die Lösung eines speziellen Problems passenden Datierungsmethode und der dazu geeigneten Substanzen zu erleichtern, werden in
Kap. 6 die wichtigsten Anwendungsgebiete - Archäologie, Anthropologie,
Geologie, Geomorphologie, Bodenkunde, Speläologie, Hydrologie und Hydrogeologie, Limnologie, Ozeanographie und Umweltforschung - behandelt.

Ein Glossar (Anhang I) soll dem Leser helfen, die geochronologischen Fach-
begriffe, die im Text **fett** gedruckt sind, zu verstehen. Zitate werden auf
die Primärliteratur und besonders informative Gesamtdarstellungen be-
schränkt. Es ließ sich nicht vermeiden, daß die Mehrzahl aus dem englischen Sprachraum stammt.

2.   METHODISCHE GRUNDLAGEN

Die Methoden der physikalischen Altersbestimmung gehen entweder von Zeit-
gesteuerten Prozessen wie dem **radioaktiven Zerfall** oder von global ver-
folgbaren Änderungen bestimmter Substanzeigenschaften von Sedimenten, Gesteinen und Eis aus, die erdgeschichtliche Ereignisse kennzeichnen.

2.1 Radioaktiver Zerfall

Die Grundbausteine aller in der Natur vorkommenden Stoffe sind Atome. Chemische Elemente (z. B. Kohlenstoff, Silizium, Argon) bestehen aus Atomen,
die dieselbe Zahl von **Protonen** in ihren Atomkernen haben. Die Zahl der
Neutronen bestimmt, zu welchem **Isotop** ein Atom gehört. Isotope unterschei-

den sich also per Definition in ihrer Atommasse. Daraus ergeben sich aber auch geringfügige Unterschiede in den physikalischen Eigenschaften (z.B. Dichte, Schmelz- und Siedepunkte) und demzufolge in den Geschwindigkeiten chemischer Reaktionen, wodurch es zu Isotopenfraktionierungen kommt.

Ein Beispiel: Kohlenstoff besteht aus den Isotopen ^{12}C, ^{13}C und ^{14}C, deren Atomkerne 6 Protonen, aber 6, 7 bzw. 8 Neutronen enthalten. Die Zahl in der linken oberen Ecke des Element-Symbols entspricht der Gesamtnukleonenzahl des Atomkerns, die auch **Massenzahl** genannt wird.

Es gibt stabile und **radioaktive** (instabile) Isotope. Die stabilen ändern ihren Atomaufbau ohne äußere Einwirkung nicht. **Die Radionuklide** gehen im Laufe der Zeit unter Aussendung energiereicher Strahlung (**Alpha-**, **Beta-** oder **Gamma-Zerfall**) oder durch spontane **Spaltung** in andere Isotope (auch anderer Elemente) oder niedrigere Energiezustände über. Bei den schweren Elementen Uran und Thorium sind die **Tochter-** und viele **Enkelisotope** fast alle wieder radioaktiv, so daß **Zerfallsreihen** entstehen.

Die Zahl der pro Zeiteinheit t zerfallenden Radionuklide (**Aktivität**) dZ/dt ist ihrer Anzahl Z und der isotopenspezifischen **Zerfallskonstante** proportional

Gleichung 1:
$$\frac{dZ}{dt} = -\lambda Z$$

Die Lösung dieser Differentialgleichung führt zum radioaktiven Zerfallsgesetz

Gleichung 2:
$$Z = Z_o \, e^{-\lambda (t - t_o)} \qquad \text{oder}$$

Gleichung 3:
$$A = \frac{1}{\lambda} \ln \frac{Z_o}{Z}$$

Z_o und Z sind die Anzahlen der zur Zeit t_o bzw. t vorhandenen Atome eines Radionuklids. A steht für das **Alter** und entspricht der Zeitspanne $t - t_o$. In der Datierungspraxis wird anstelle der Atomzahl Z die Zerfallsrate (Aktivität), die meßbare Zählrate oder die Isotopenkonzentration verwendet.

Aus Gl. 3 folgt, daß innerhalb einer isotopen-spezifischen Zeitspanne, der **Halbwertszeit** τ , die Zahl der ursprünglich vorhandenen Atome eines Radionuklids auf die Hälfte abnimmt, also innerhalb von 10 Halbwerstzeiten auf rund 1/1000. τ und λ sind umgekehrt proportional

Gleichung 4:
$$\lambda = \frac{\ln 2}{\tau}$$

Die Halbwertszeiten einzelner Isotope sind sehr unterschiedlich (Tab. 1). Die für Uran-238 beträgt z.B. $4{,}5 \cdot 10^9$ Jahre, die für **Radiokohlenstoff** 5730 Jahre, aber die für **Radon-222** nur 3,8 Tage.

2.2   Radiometrische Methoden der Geochronologie

Der für die **quartäre Altersbestimmung** wichtigste physikalische Prozeß ist der radioaktive **Zerfall**. Von ihm leiten sich die meisten Datierungsmethoden ab. Eine Möglichkeit bieten die **kosmogenen Radionuklide** (Kap. 4.1). Es wird angenommen, daß diese in geologischen Zeiträumen mit gleichbleibender Rate P neugebildet werden und ihre Konzentrationen in den globalen **Reservoiren** - **Atmosphäre**, **Hydrosphäre** und **Biosphäre** - zeitlich konstant sind. Aus der erweiterten Gl. 1 ergibt sich nämlich (Fig. 1)

Gleichung 5:
$$Z = \frac{P}{\lambda} (1 - e^{-\lambda \cdot t})$$

Daraus folgt für geschlossene Systeme und unendlich großes t eine von der Zeit unabhängige Isotopenkonzentrationen Z_o (Sättigungskonzentration)

Gleichung 6:
$$Z_o = \frac{P}{\lambda}$$

Z_o wird auch **Anfangskonzentration** genannt, weil sie für alle **rezenten** Proben mit dem Alter Null zutrifft (Gl. 3). Z_o wird entweder durch Substanzen bekannten Alters A oder künstliche **Standards** verifiziert und unterscheidet sich für verschiedene Reservoire (Kap. 4.1.1.8).

Eine zweite Möglichkeit, den radioaktiven Zerfall für Datierungen zu nutzen, ist bei den Uran-/Thorium-Methoden (Kap. 4.3) verwirklicht.

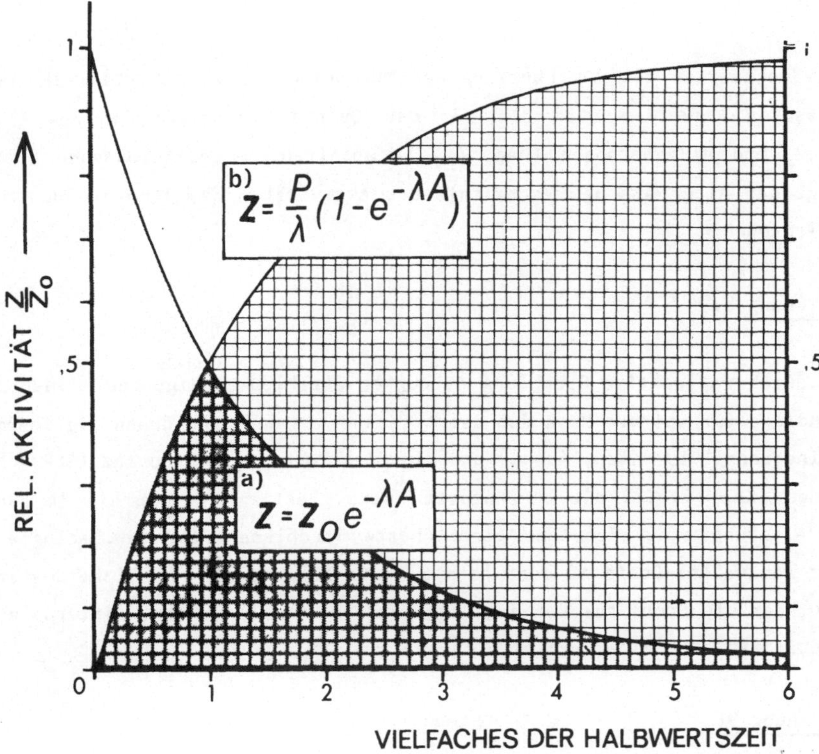

Fig. 1: a) Zeitliche Änderung der relativen Isotopenkonzentration durch radioaktiven Zerfall und b) im geschlossenen System bei konstanter Isotopenproduktion P .

Im radioaktiven Ungleichgewicht ergibt sich das Alter aus der Änderung der Aktivität eines Tochterisotops Z_T im Vergleich zu der des Mutterisotops Z_M. Radioaktive Ungleichgewichte entstehen durch geophysikalische und geochemische Prozesse, die zur Trennung chemischer Elemente mit einer An- bzw. Abreicherung der Mutter- oder Tochternuklide führen. Sobald die Prozesse abgeschlossen sind, nimmt die Konzentration der Tochternuklide zu, bis zwischen der Produktions- und Zerfallsrate ein radioaktives Gleichgewicht erreicht ist. Das Alter A, das der Zeitspanne seit Auftreten der Störung entspricht, folgt im einfachsten Fall von zwei Isotopen aus dem Verhältnis Z_M/Z_T

Gleichung 7:

$$Z_T = \frac{\lambda_M}{\lambda_T - \lambda_M} (e^{-\lambda_M A} - e^{-\lambda_T A}) + N_{oT}\, e^{-\lambda_T A}$$

Ein Spezialfall ist der Übergang des Mutterisotops in ein stabiles Tochterisotop, aus dem sich die für das Quartär wichtigen $^3H/^3He$- (Kap. 4.1.2) und U/He-Methoden (Kap. 4.2.2) ableiten. Im geschlossenen System folgt das Alter aus dem Verhältnis der Aktivitäten des Tochter- und Mutterisotopes

Gleichung 8:
$$A = \frac{1}{\lambda} \ln\left(1 + \frac{Z_T}{Z_M} \right)$$

Die durch radioaktive Strahlung erzeugten **Strahlenschädigungen** bilden die Grundlage für weitere Methoden der Altersbestimmung, von denen die **Thermolumineszenz (TL)**- (Kap. 4.4.1) und die **Elektronen-Spin-Resonanz (ESR)**- Methoden (Kap. 4.4.2) die bekanntesten sind. Bestimmt werden die im Laufe der Alterung einer Substanz gespeicherte Strahlenenergie (archäologische oder Äquivalenz-**Dosis** AD oder totale Dosis TD) und die jährliche **Dosisrate** D, der die Probe aus der Umgebung (extern) und ihr selbst (intern) ausgesetzt war. Das Alter ergibt sich aus

Gleichung 9:
$$A = \frac{AD}{D}$$

2.3 Physikostratigraphische Methoden der Geochronologie

Global verfolgbare Änderungen physikalischer Eigenschaften von Gesteinen und Sedimenten, die durch **terrestrische** (z.B. klimatische) oder extraterrestrische Geschehnisse verursacht worden sind, bilden zuverlässige Zeitmarken, wenn sie nur einmal an einem ungestörtem Profil absolut datiert worden sind (Kap. 4.5). Darauf bauen mehrere Methoden der **Geochronologie** auf.

Eine solche Substanzeigenschaft ist die **remanente Magnetisierung** von Gesteinen und Sedimenten, die zum Zeitpunkt ihrer Entstehung durch das zeitlich veränderliche Erdmagnetfeld erzeugt worden ist (Kap. 4.5.1).

Geeignet sind auch die Klima-abhängigen Sauerstoff-Isotopenhäufigkeiten terrestrischer und **pelagischer** Karbonate sowie von Gletscher- und Kontinentaleis, die vom Temperaturgang der $\delta^{18}O$-Werte in den Niederschlägen geprägt worden sind. Für kurze Zeitabschnitte von Jahrhunderten läßt sich die jahreszeitliche Variation verfolgen. Auf das Jahr genaue Datierungen sind möglich. Bei längeren Zeiträumen werden die Temperatursprünge an den Übergängen der Kalt- zu Warmzeiten ermittelt.

Mit der **Industrialisierung** gehen **anthropogene, radioaktive** und chemische Markierungen einher, die zeitlich genau faßbar sind. Die ältesten liegen als Kohlestaub in Schelfsedimenten vor. Sie stammen aus der Zeit der Dampfschiffahrt (ERLENKEUSER et al. 1974). Seit Anfang der Fünfziger Jahre markieren **Tritium, Radiokohlenstoff** und "fall-out" der Kernwaffen-Tests (Kap. 4.1.1.2) Jahrgang-spezifisch Eis, junges Grundwasser und organische Substanzen. Krypton-85, das von den Kernenergieanlagen emittiert wird, kommt als Tracer der **Atmosphäre** und **Hydrosphäre** hinzu. Neue, schwer zersetzliche Industriechemikalien werden in Zukunft geeignete Tracer sein.

2.4   Chemische Altersbestimmung

Die Methoden der chemischen **Altersbestimmung** (Kap. 4.6) gehen von der Annahme gleichbleibender Reaktionsgeschwindigkeiten aus. Sie sind in der Natur kaum realisiert, weil sich die Temperatur und die Umweltbedingungen ständig verändert haben. Chemische Datierungsergebnisse sind deshalb insbesondere für das **Quartär** mit seinem häufigen Wechsel zwischen Kalt- und Warmzeiten vergleichsweise unzuverlässig.

Die erste chemische Datierungsmethode wurde für Knochen entwickelt, die Fluor und Uran aus dem Grundwasser ab- und adsorbieren (Kap. 4.6.3). Später kam eine Methode hinzu, die von einer gleichmäßigen Kollagenzersetzung im Knochen ausgeht. Die zuverlässigsten Ergebnisse verspricht die **Aminosäure-Razemisierungs**-Methode (Kap. 4.6.2), die die zeitliche Änderung der optischen Aktivität natürlicher Aminosäuren ausnutzt.

3.   MESSTECHNIKEN IN DER GEOCHRONOLOGIE

Mit Rücksicht auf den Umfang und die Aufgabe des Buches werden die meß-

technischen Grundlagen nur gestreift. Ausführlichere Darstellungen sind in
der Zeitschrift RADIOCARBON und den Kongreßberichten über **low-level-Tech-
nik** der Internationalen Atombehörde in Wien zu finden.

3.1 Detektoren der Radioaktivität: Zählrohre, Szintillations- und Halbleiterzähler

Für Messung der natürlichen **Radioaktivität** stehen verschiedene **Detektoren**
zur Verfügung. Welcher Typ verwendet wird, hängt von der **Strahlung** und der
Konzentration des zu messenden **Isotops** sowie der Ausbildung des Laborper-
sonals ab.

Technisch am einfachsten aufgebaut sind **low-level-Proportional-Zählrohre**,
die in **Antikoinzidenz** mit Abschirmzählrohren betrieben werden. Zählrohre
haben für **Beta-Strahlen** eine hohe Nachweisempfindlichkeit und garantieren
gut reproduzierbare Ergebnisse (International Study Group 1982). Sie werden für routinemäßige ^{14}C-Altersbestimmungen (Kap. 4.1.1) von Proben mit
0.1-5 g Kohlenstoff eingesetzt. Präzissionsmessungen sind an Proben mit
25 g C möglich. Miniaturzählrohre wurden für Proben mit 10-50 mg Kohlenstoff entwickelt. **Tritium** (Kap. 4.1.2) kann ohne **Isotopen-Anreicherung**
bis zu einer Grenze von 1,5 TE gemessen werden.

low-level-Zählrohre sind üblicherweise Eigenentwicklungen. Pro Meßanlage
werden bis 120 Altersbestimmungen im Jahr durchgeführt bei Kosten von rund
DM 50 000.

Flüssigkeits-Szintillations-Zähler sind kommerziell für etwa DM 100 000
erhältlich und haben eine ähnliche Meßkapazität. Auch die Unterhaltskosten
sind vergleichbar. Die meßtechnisch erreichbare **Datierungsgenauigkeit** ist
bei Proben von mehr als einem Gramm Kohlenstoff mit der der Zählrohre vergleichbar (PEARSON 1980), die Reproduzierbarkeit der Ergebnisse ist allerdings schlechter (GEYH 1972a; INTERNATIONAL STUDY GROUP 1982). Flüssigkeits-Szintillationszähler werden bevorzugt für Tritium-Messungen von Wasserproben eingesetzt. Die chemische Probenaufbereitung beansprucht für
^{14}C-Datierungen mit Zählrohren und Szintillationszählern gleichermaßen

zwischen 2-8 Stunden. Die Meßdauer beträgt 1-2 Tage.

Halbleiter-Zähler werden in der **Alpha-** und **Gamma-Spektrometrie**, vorzugsweise bei der Uran/Thorium-Methode (Kap. 4.3), eingesetzt. Sie erlauben, monoenergetische Alpha- und Gammastrahlung mit hoher Auflösung zu messen. Für Alpha-Teilchen bieten sich Oberflächensperrschichtzähler mit einer maximalen Nachweisempfindlichkeit von 30 % an. Die Probe und der Detektor befinden sich zur Vermeidung von Strahlenabsorptionsverlusten in einer Vakuumkammer. Alpha-Spektrometer werden wegen der erforderlichen Meßzeiten von 2-6 Tagen/Probe mit wenigstens 4 Detektoren ausgerüstet. Ein solcher Meßplatz kostet um DM 50 000.

Gamma-Strahlung wird am besten mit energetisch hochauflösenden Germanium-Detektoren gemessen, deren Nachweisempfindlichkeit allerdings um bis zu zwei Größenordnungen kleiner ist als die der Alpha-Spektrometer. Dies muß bei U/Th-Altersbestimmungen durch entsprechend große oder Uran-reiche Proben kompensiert werden. Der Vorteil der Gamma-Strahlenspektrometrie besteht in der Möglichkeit, Isotopenhäufigkeiten ohne aufwendige chemische Isolierung messen und ^{226}Ra-Verluste oder -Gewinne direkt nachweisen zu können. Bei TL- und ESR-Datierungen (Kap. 4.4) interessiert die direkte Bestimmung der U-, Th- und K-Gehalte zur Abschätzung der internen und externen Dosisraten. Geeignete low-level-Gamma-Spektrometer kosten zwischen DM 100 000 - 200 000. Die Meßzeit pro Probe beträgt einige Tage.

3.2 Massenspektrometer und Teilchenbeschleuniger

Die Häufigkeitsverhältnisse stabiler **Isotope** (Kap. 4.5.2) werden mit **Massenspektrometern** bestimmt. Die erreichbare Meßgenauigkeit liegt zwischen 0,1-1,0 % und ist umso größer, je näher die zu messenden Isotopenkonzentrationen beieinander liegen. Die Analysen werden an Proben im mg-Bereich ausgeführt.

Massenspektrometer kosten je nach Ausrüstung DM 200 000 und mehr. Mit relativ geringem Aufwand können täglich viele Proben untersucht werden.

Neuerdings werden Teilchenbeschleuniger als Hochenergie-Massenspektrometer
eingesetzt, wodurch sich die Nachweisempfindlichkeit der kosmogenen Isotope (Kap. 4.1) um mehrere Größenordnungen gegenüber der üblicher Strahlen-
detektoren (Kap. 3.1) erhöht hat. Dies wird dadurch erreicht, daß alle in
der Probe enthaltenen Radionuklide gezählt werden und nicht nur die wenigen, die während der Messung zerfallen (STUIVER 1978a).

Teilchen-Beschleuniger kosten mehrere Millionen in der Anschaffung und
verschlingen beträchtliche Unterhaltskosten. Dafür bieten sie die Möglichkeit, anders nicht meßbare kosmogene Isotope wie ^{10}Be (Kap. 4.1.6),
^{26}Al (Kap. 4.1.7), ^{36}Cl (Kap. 4.1.5) und ^{14}C-Proben mit Kohlenstoffgehalten im Mikrogrammbereich (Eis, tiefes Grundwasser, archäologische
Proben) für Datierungen zu erschließen. Zur Minderung der großen Kontami-
nationsgefahr sehr alter Proben - immerhin sind in 1 mg Kohlenstoff von
110 000 Jahre Alter nur 50 ^{14}C-Atome enthalten ! - kann man sich dann
auf reinste, aus Knochen und organischen Resten extrahierte Fraktionen
(Kollagen, Aminosäuren) beschränken. Neben diesen Vorteilen besticht die
große Meßkapazität, da anstelle von Tagen nur Stunden gemessen zu werden
braucht (HEDGES 1981; WÖLFLI et al. 1983).

4.   ÜBER DIE DATIERUNGSMETHODEN

Der ausklappbare Anwendungsspiegel (ANHANG II) ermöglicht, sich einen raschen Überblick über die Datierungsbereiche und geeignete Substanzen der
einzelnen Methoden zu verschaffen. Die Größe der Proben, die Bearbeitungs-
dauer und -kosten sind von den Labors zu erfragen. Persönliche Kontakte
sind ohnehin zu empfehlen. Adressen geochronologischer Labors werden jähr-
lich im letzten Heft von RADIOCARBON ausgedruckt, sind aber auch in Listen
von PACT, Straßburg und bei GEYH (1980) zu finden.

4.1   Datierungsmethoden mit kosmogenen Isotopen

Kernreaktionen der kosmischen Strahlung mit Gasmolekülen in der Atmosphäre und Spallationen erzeugen Radionuklide (Tab. 1), von denen mehrere für

die Altersbestimmung geeignet sind.

Tabelle 1: Für die Altersbestimmung verwendete kosmogene Radionuklide

Radio-nuklid	Halbwerts-zeit	Strahlungsart und Energie MeV		Produktion Atome/m^2s	Vorrat global	Datierungs-bereich
^{3}H	12,43 a	β^-	0,018	2500	3,5 kg	150 a
^{39}Ar	269 a	β^-	0,565	56		2000 a
^{32}Si	295 a	β^-	0,1	3	1,4 t	2000 a
^{14}C	5730 a	β^-	0,158	24000	75 t	70000 a
^{36}Cl	0,310 Ma	β^-	0,714	15	300 t	2,5 Ma
^{26}Al	0,716 Ma	β^+	1,170	1,5	1,1 t	5,0 Ma
^{10}Be	1,6 Ma	β^-	0,56	700	430 t	1,0 Ma

Die **Modellvorstellung** der Altersbestimmung mit kosmogenen Radionukliden
(ANDERSON et al. 1947) geht davon aus, daß über geologische Zeiträume, die
größer sind als die **Halbwertszeiten**,

- die Produktion der kosmogenen Isotope wegen gleichbleibender Intensität der kosmischen Strahlung praktisch konstant war (OESCHGER
  et al. 1970),

- die Verteilung der Isotope in den einzelnen **Reservoiren** - **Biosphä**-
  re, **Atmosphäre**, **Hydrosphäre**, **Lithossphäre** - unverändert geblieben
  und

- die **Austauschzeiten der Isotope** zwischen den Reservoirs kurz gegenüber den Halbwertszeiten sind.

Wenn die Voraussetzungen erfüllt sind, bestehen zwischen den Zerfalls- und
Produktionsraten der einzelnen Isotope stationäre **Gleichgewichte** (Kap.
2.1), so daß die **Anfangskonzentrationen** in den einzelnen Reservoirs orts-
und zeitunabhängig sind.

In der Natur sind die Modellvoraussetzungen nur in guter Näherung erfüllt.

Deshalb müssen Tabellen oder Kurven bestimmt werden, um die **radiometri-**
schen Alter in Kalenderjahre umrechnen zu können (Kap. 4.1.1).

4.1.1   Radiokohlenstoff- (^{14}C-) Methode

4.1.1.1 LIBBYs Modellvorstellung

Schon in den 30iger Jahren war diskutiert worden (KAMEN 1963), ob **Radio-**
kohlenstoff (^{14}C) durch **kosmische Strahlung** erzeugt wird. Der Nachweis
gelang aber erst 1947 (ANDERSON et al. 1947), da die natürliche Konzentration mit 13,56 $\pm$ 0,07 dpm/g C sehr klein ist. Aus dem Vorhandensein
von Radiokohlenstoff auf der Erde leitete LIBBY ab, daß die ^{14}C-Konzen-
tration organischer Substanzen eine Funktion ihrer Alter sein muß. Dafür
wurde ihm der Nobel-Preis verliehen.

Wegen der vergleichsweise kurzen ^{14}C-Halbwertszeit von 5730 $\pm$ 40 Jahren muß der in der Natur vorkommende Radiokohlenstoff ständig neu erzeugt
werden. Die Produktion aus Stickstoffatomen in der **Atmosphäre** übernimmt
die kosmische Strahlung mit einer Rate, die der Zahl von Zerfällen eines
globalen Vorrats von rund 80 t ^{14}C entspricht.

Radiokohlenstoff wird nach seiner Entstehung zu $^{14}CO_2$ oxidiert, das
sich mit dem atmosphärischen CO_2 (Luftanteil 0,03 %$_{vol}$) mischt und an
dem Kohlensäure-Zyklus der **Biosphäre** teilnimmt. Über die Assimilation der
Pflanzen und die Nahrungsaufnahme der Tiere gelangt ^{14}C dann in die le-
bende organische Substanz, deren ^{14}C-Konzentration - abgesehen von Isotopen-Fraktionierungen - mit der des atmosphärischen Kohlendioxids übereinstimmt. Sie ist mit 100 pcm (= procent modern) definiert. Fossile organische Substanzen, die durch radioaktiven Zerfall ^{14}C verloren haben,
der nicht mehr ersetzt wird, gestatten nach Gl. 3 eine Altersbestimmung.
Es sind nur der ^{14}C-Gehalt der Probe Z und die ^{14}C-Anfangskonzentrati-
on Z_o eines Standards zu messen.

Die Voraussetzung, daß sich Z_o in geologischen Zeiträumen nicht verändert hat, ist in der Natur nur annähernd erfüllt. Abgesehen von **anthropo-**

genen Ursachen wie die Zumischung industriell erzeugten fossilen CO_2s (SUESS- oder INDUSTRIE-Effekt -- Kap. 4.1.1.6) und ^{14}C-aktiven Kohlendioxids der Kernwaffen-Tests (Kap. 4.1.1.2) änderte sich die ^{14}C-Produktionsrate in der Vergangenheit langperiodisch durch Variationen des **erdmagnetischen Dipolmoments** und kurzperiodisch mit der Sonnenaktivität (OLSSON 1970; STUIVER & QUAY 1980; 1980a; Kap. 4.1.1.7).

4.1.1.2   Kernwaffen-Effekt

Kernwaffen-Explosionen erzeugen große Mengen **Radiokohlenstoff**. Vor der internationalen Vereinbarung über die Einstellung der Versuche im Jahr 1963 gelangte soviel anthropogenes ^{14}C in die **Tropo-** und **Stratosphäre**, daß der Radiokohlenstoff-Gehalt im **atmosphärischen** Kohlendioxid zwischen 1950 und 1964 fluktuierend auf das 1,8-fache anstieg (NYDAL et al. 1979; 1980). Inzwischen ist er exponentiell auf den 1,3-fachen Wert (Fig. 2) abgefallen. Weil die meisten Kernwaffen-Tests auf der nördlichen Hemisphäre durchgeführt worden sind und mit der Südhalbkugel nur ein langsamer Luft-Austausch erfolgt, bestand bis 1970 zwischen beiden Hemisphären ein meßbarer Konzentrationsunterschied, der inzwischen verschwunden istl.

Diese anthropogen-bedingten Erhöhungen der ^{14}C-Konzentration im atmosphärischen CO_2 werden zu globalen Studien kurzzeitiger meteorologischer, ozeanographischer (Kap. 6.8) und hydrologischer Prozesse (Kap. 6.5) genutzt (OESCHGER et al. 1975). Andere Anwendungsgebiete sind die auf das Jahr genaue Datierung von Wein und Whisky (WALTON et al. 1967), ethnologische Studien bei Urvölkern (TAMERS 1969) und die medizinische Forschung (STENHOUSE 1979; TAMERS 1979; DRUFFEL 1983).

4.1.1.3   Datierungsgenauigkeit und Probengröße

Zur ^{14}C-Altersbestimmung werden die spezifischen **Zerfallsraten** einer Probe Z_i und einer auf das Jahr 1950 bezogenen **Standardsubstanz** Z_o gemessen. Da der **radioaktive** Zerfall ein **Zufallsprozeß** ist (**Poisson-Statistik**), stellt die während der Meßzeit Δt_i eingetretene Anzahl von

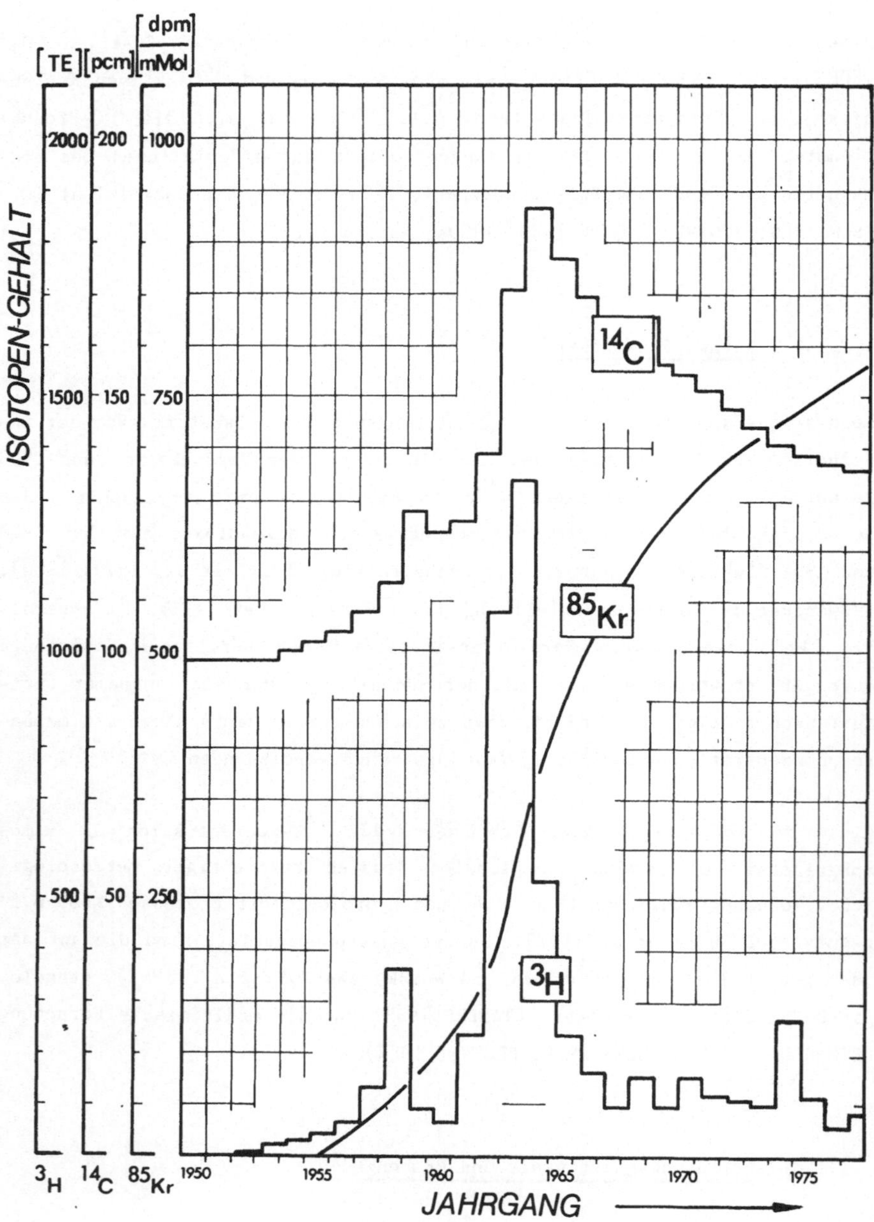

g. 2: Mittlere ^{14}C- und ^{85}Kr-Gehalte in der Atmosphäre und ^{3}H-Konzentration in den Niederschlägen Mitteleuropas für die Zeitspanne von 1955 bis 1979 nach NYDAL et al. (1979; 1980) und GEYH (1980).

Atomzerfällen Z_i eine **Stichprobe** dar, die mit einer Unsicherheit δZ_i behaftet ist. Jede Messung liefert eine neue Stichprobe mit voneinander abweichenden Werten Z_{i+1}, Z_{i+2}, ..., die die folgenden Eigenschaften haben:

- Mit steigender Zahl der Messwerte nähert sich der Mittelwert aller Meßwerte $\overline{Z}_i = \sum i\ Z_i / \sum i\ \Delta t_i$ dem gesuchten **Erwartungswert** der Zerfallsrate Z^*.

- Die **Häufigkeitsverteilung** der Z_i geht mit wachsender Gesamtzahl langsam in eine **Normalverteilung** (GAUSSsche Glockenkurve - Fig. 3) über, deren **Standardabweichung** (fälschlicherweise oft als Fehler bezeichnet) durch

Gleichung 10 :
$$\sigma Z = \pm\ \sqrt{\frac{\sum i\ Z_i}{\sum i\ \Delta t_i}} = \pm\ \sqrt{\frac{Z}{\Delta t}}$$

gegeben ist. Die **Wahrscheinlichkeits**theorie lehrt, daß 68 % der zu dieser Normalverteilung gehörenden Werte Z_i innerhalb des sog. **Mutungsinter-valls** ($Z-\delta Z$ und $Z+\delta Z$) liegen. Ist $\sum i\ Z_i$ hinreichend groß, ist in dem Mutungintervall umgekehrt der gesuchte, aber grundsätzlich unbekannte Wert Z^* mit einer Wahrscheinlichkeit von 68 % zu erwarten. Die für die Datierung wichtige Breite des Mutungsintervalls einer Altersangabe ist der relativen Standardabweichung proportional

Gleichung 11 :
$$\frac{\sigma Z}{Z} = \pm\ \sqrt{\frac{1}{Z}} \cdot \sqrt{\frac{1}{\Delta t}}$$

Der erste Faktor hängt von der Zerfallsrate der zu datierenden Substanz ab und wird mit wachsender Probengröße und abnehmenden ^{14}C-Alter kleiner. Der zweite Faktor nimmt mit wachsender Zähldauer ab. Die **Datierungsgenau-igkeit** wird also von

- dem Probenalter, das vorgegeben ist,

- der Probengröße, die durch das **Detektorvolumen** nach oben begrenzt ist (allgemein gilt, daß sich die Breite des Mutungsintervalls verdoppelt, wenn die Probengröße auf ein Viertel abnimmt) und

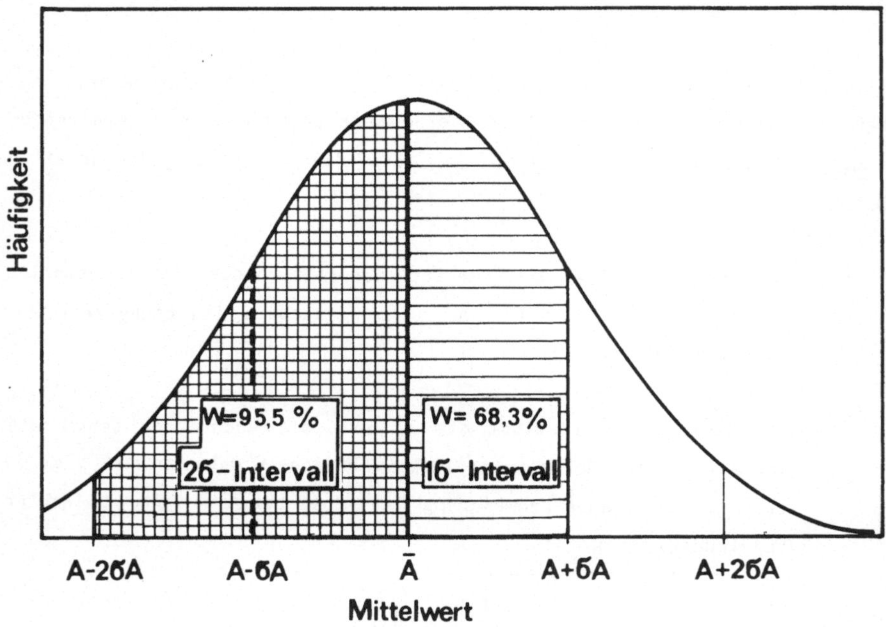

Fig. 3: Häufigkeitsverteilung der Ergebnisse eines Zufallsexperiments (Normalverteilung, Glockenkurve) mit Abgrenzung der 1δ- und 2δ-Mutungsintervalle und Angabe der Sicherheitswahrscheinlichkeit W.

- der Zähldauer, die nicht nur aus ökonomischen Gründen auf rund zwei Tage begrenzt wird, bestimmt. Nicht mit jeder Apparatur ist es nämlich möglich, die Standardabweichung durch Verlängerung der Meßzeit zu verkleinern (GEYH 1972a).

Trotzdem werden immer wieder Ergebnisse wiederholter Datierungen derselben Probe vorgestellt, deren mittleres ^{14}C-Alter eine Standardabweichung von nur ± 20 Jahre haben soll (z.B. SRDOC et al. 1981). Skepsis ist angebracht, da die meßtechnischen Fehler bei Routinealtersbestimmungen meist größer sind als die aus den Zählraten berechneten. Dies wurde vor langer Zeit erkannt (CURRIE 1972; GEYH 1972a) und neuerdings durch eine internationale Vergleichsuntersuchung an dendrochonologisch datierten Hölzern (International Study Group 1982; STUIVER 1982) bestätigt. Danach sind die angegebenen Standardabweichungen der meisten konventionellen ^{14}C-Alter um einen Faktor bis zwei zu klein ! Eine Verlängerung der Meßzeit allein oder eine einfache Wiederholung der Messungen kann die Datierungsgenauigkeit also sicher nicht verbessern. Nur mit großen technischen Anstrengungen gelingt es, Präzissionsdatierungen auf $\pm$ 12 Jahre genau durchzuführen. Vorerst muß man sich mit minimal $\pm$ 40 Jahren bei routinemäßigen ^{14}C-Altersbestimmungen begnügen.

Die Abhängigkeit der Standardabweichung 6A vom ^{14}C-Alter und der .Probengröße ist in Fig. 4 für Apparaturen des ^{14}C-Labors Hannover dargestellt. Die Kurven anderer Labors sehen sehr ähnlich aus.

Die empfehlenswerte Probengröße richtet sich vor allem nach dem Kohlenstoffgehalt, dann nach dem Erhaltungszustand, dem **Kontaminationsgrad** (Kap. 4.1.1.9) und nach den im ^{14}C-Labor vorhandenen Apparaturen (Kap. 3.1).

<u>Tabelle 2</u>: Kohlenstoffgehalte, empfohlene und minimale Substanzmengen häufiger Probenarten.

Probenart	C-Gehalt %	Probenmenge empfohlene	minimale
Holzkohle, trocken	50-90	6- 10 g	20 mg
Holz & Torf, trocken	50	10 g	20 mg
Holz & Torf, bergfeucht	2- 5	100-250 g	200 mg
Karbonate, (Muscheln etc.)	10	40 g	100 mg
Knochen und Zähne	1- 5	100-500 g	250 mg
Grundwasser	$1-8 \cdot 10^{-3}$	60 1	150 ml

Für **Proportional-Zählrohre** benötigt man Proben mit 0,1 bis 25 g Kohlenstoff, für **Flüssigkeits-Szintillationszähler** immer mehr als ein Gramm. ^{14}C-Datierungen mit Miniatur-Zählrohren sind mit 10 bis 50 mg C möglich. **Teilchenbeschleuniger** kommen mit 50-1000 μg aus (HEDGES 1981; WÖLFLI et al. 1983). Die im Einzelfall erforderliche Probenmenge gibt das ^{14}C-Labor an.

Tab. 2. enthält Richtwerte für die am häufigsten datierten Substanzen. Es müssen um bis zum 10fachen größere Mengen eingereicht werden, wenn die Proben mit Wurzeln oder Huminsäuren kontaminiert sind oder ihr Erhaltungszustand (hoher Zersetzungsgrad bei Torfen, angewitterte Muschelschalen)

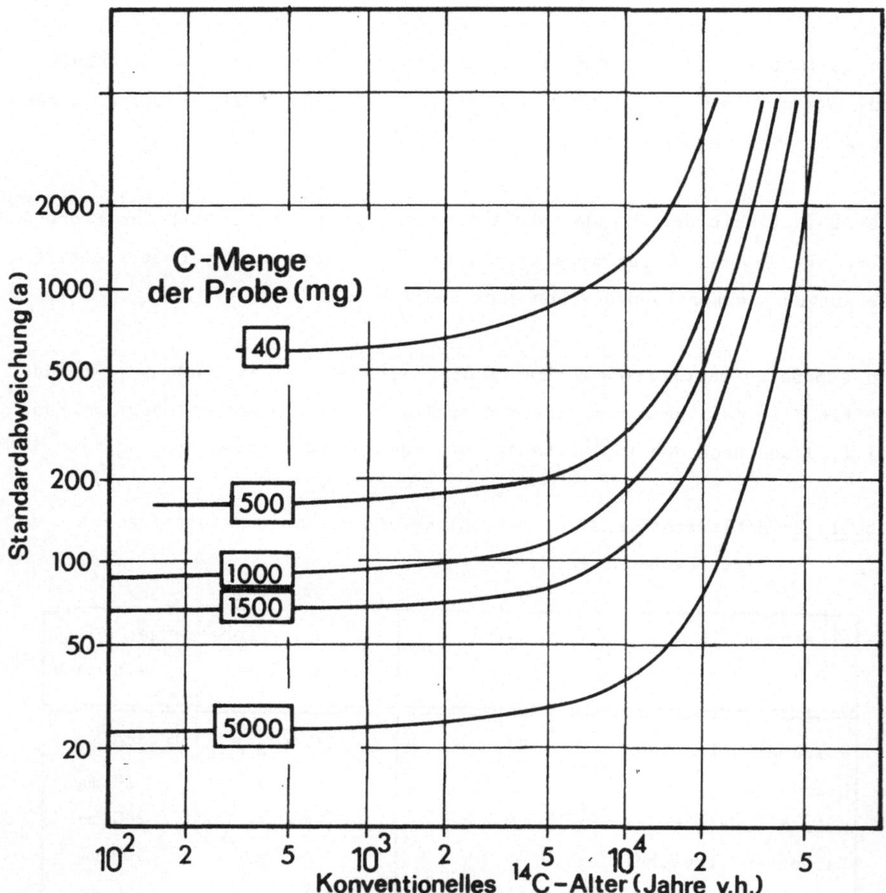

<u>Fig. 4</u>: Standardabweichung in Abhängigkeit vom Probenalter und von der verwendeten Kohlenstoffmenge bei 16 Stunden Meßzeit (^{14}C-Labor Hannover).

schlecht ist. In solchen Fällen können bei der Aufbereitung bis zu 90 % der Probe verloren gehen, um die zur Datierung benötigte autochthone Kohlenstoff-Fraktion zu erhalten. Als Richtlinie gilt:

LIEBER ZUVIEL ALS ZU WENIG MATERIAL EINREICHEN !

Diese Aufforderung ist aber nicht dahingehend mißzuinterpretieren, daß die Probenmenge auf Kosten der Zeitspanne erhöht wird, innerhalb der die Probe gebildet worden ist. Es wäre z.B. sinnlos, eine Torfschicht auf ± 40 Jahre genau datieren zu wollen, wenn diese in 500 Jahren gewachsen ist.

Ein Weg, dünne Holzscheiben mit für die **dendrochronologische** Analyse an sich unzureichender Jahresringzahl unter 100 doch auf ein Jahr genau zu datieren, ist die zeitliche Grobzuordnung der Probe in ein Jahrtausend aufgrund des ^{14}C-Alters. Die dendrochronologische Parallelanalyse, deren Ergebnis allein nicht schlüssig wäre, erlaubt dann oft eine so genaue Altersbestimmung (FERGUSON et al. 1966).

4.1.1.4 δ^{13}C-Werte zur Korrektur und Beurteilung von Daten

Kohlenstoff besteht aus zwei stabilen Isotopen, dem ^{12}C mit einem Anteil um 99 % und dem ^{13}C. Das von Substanz zu Substanz unterschiedliche Isotopenhäufigkeitsverhältnis R wird **massenspektrometrisch** bestimmt. Aus meßtechnischen Gründen gibt man anstelle von R den δ^{13}C-**Wert** an, der durch

<u>Gleichung 12</u>: $$\delta^{13}C = \frac{R_{Probe} - R_{Standard}}{R_{Standard}} \; 1000 \; ^o/_{oo}$$

definiert ist. $R_{Standard}$ gilt für den **PDB-Standard** oder für auf ihn bezogene Karbonate (CRAIG 1957). Er hat definitionsgemäß einen δ^{13}C-Wert von Null $^o/oo$.

Gleichartige Moleküle oder **Radikale**, die verschiedene Isotope eines chemischen **Elements** enthalten, unterscheiden sich in ihren physikalischen Eigenschaften, so daß es zu Isotopenfraktionierungen bei chemischen (z.B. Kalkausfällung), biologischen (z.B. Assimilation) und physikalischen (z.B. Phasenübergänge) Prozessen kommt. Die ^{13}C/^{12}C-Häufigkeitsverhältnisse werden auf diese Weise zu einem Indikator für die Genese und geochemische Geschichte vieler Substanzen (CRAIG 1954). Tab. 3 gibt einen Überblick.

Aufgrund großer δ^{13}C-Unterschiede ist immer eine Unterscheidung von marinen und **terrigenen** Substanzen möglich. Mit diffizileren Untersuchungen können aber auch Ernährungsgewohnheiten alter Kulturen rekonstruiert (VAN MERVE & VOGEL 1978; CHISHOLM et al. 1981; TAUBER 1981) oder die Ursachen von Umweltschädigungen festgestellt werden (TAN & WALTON 1975).

Die ^{14}C-**Isotopenfraktionierung** ist proportional zu der von ^{13}C und nach dem heutigen Kenntnisstand etwa doppelt so groß (WIGLEY & MULLER 1981). Unter dieser Voraussetzung lassen sich die ^{14}C-Aktivitäten δ^{13}C-korrigieren (STUIVER & POLACH 1977)

Gleichung 13: $$Z^* = Z \left(1 - \frac{2 \cdot (\delta^{13}C + 25)}{1000}\right)$$

Tabelle 3: δ^{13}C-Werte (^{o}/oo) verschiedener Substanzen bezogen auf den PDB-Standard (VOGEL & EHHALT 1963; LERMAN 1972).

Substanzen	δ^{13}C-Wert (^{o}/oo)
Terrestrische organische Substanzen (Holz, Holz-kohle, Torf) humider Gebiete (Assimilation nach dem CALVIN-(C3-) Zyklus)	-30 bis -20
Salzmarsch- und Wüstenpflanzen, tropische Gräser semiarider und arider Gebiete (Assimilation nach dem **HATCH-SLACK**-(C4-) Zyklus)	-20 bis -13
Kohlensäure aus Grundwässern ohne merkliche chemische Reaktion mit dem Aquifergestein	-20 bis -10
Knochen-Kollagen	-22 bis -18
NBS-Oxalsäure-Standard (Definition)	-19
Kohlensäure aus Grundwasser nach Migration von CO_2 aus dem Erdinneren, Kalk- oder Salzlösung	-10 bis + 2
Höhlensinter und Travertin (GEYH et al. 1982) (Ausfällung vom Bikarbonat)	-10 bis +10
Atmosphärisches CO_2	- 8 bis - 7
"Spagetti-Stalaktiten" in z.B. Betonbauten (Ausfällung von Kalziumhydroxid)	$\leq$ -30
Marine Kalke und Organismen	- 2 bis + 2

Es ist gleich, ob Isotopenfraktionierungen genetisch bedingt oder während der chemischen **Aufbereitung** entstanden sind, nach internationaler Vereinbarung sind alle konventionellen ^{14}C-Alter (Kap. 4.1.1.5) auf den δ^{13}C-Wert -25 ^{o}/oo zu korrigieren. Die aus Gl. 13 folgenden ^{14}C-Altersverschiebungen betragen in der Regel weniger als 80 Jahre, können aber z.B. bei ^{14}C-Altern, die an nach dem HATCH-SLACK-Zyklus assimilierenden Pflanzen bestimmt worden sind, Korrekturen von bis -200 Jahren und bei denen mariner Karbonate sogar bis -400 Jahren erforderlich machen.

δ^{13}C-Korrekturen der ^{14}C-Alter sind für alle organischen Substanzen, also z.B. auch Muschelschalen, sinnvoll, bei denen die ^{13}C-Häufigkeit von Isotopenfraktionierungen bestimmt ist. Unabhängig davon können weitere Korrekturen als Folge des **Reservoir-Effekts** (Kap. 4.1.1.8) notwendig sein, wie z.B. bei marinen Proben (Kap. 6.7).

δ^{13}C-Korrekturen der ^{14}C-Alter anorganischer Substanzen, z.B. Grundwasser (Kap. 6.5) und Höhlensinter (Kap. 6.4), werden kontrovers beurteilt, da diese Substanzen aus genetisch unterschiedlichen Komponenten entstanden (Mischungen, Reaktionen) sind und ihre ^{13}C-Häufigkeiten im wesentlichen von deren Anteilen und δ^{13}C-Werten bestimmt werden. δ^{13}C-Korrekturen nach Gl. 13 sind dann theoretisch an sich nicht berechtigt.

4.1.1.5   <u>Konventionelle ^{14}C-Alter (Bezugsjahr, Halbwertszeit),</u>
          <u>Maximal- und Minimalalter, Datierungsbereich</u>

Die Ergebnisse vieler Datierungsmethoden beziehen sich auf laborinterne Zeitskalen, weil internationale **Standards** und Richtlinien für die Umwandlung der Meßdaten in **Alter** fehlen. Nur bei ausgereiften Methoden, wie z.B. die der ^{14}C-Altersbestimmung, gibt es internationale Absprachen (Konventionen) und generell benutzte Standards. Alter, die solchen Festlegungen entsprechen, werden als konventionell bezeichnet. (Früher wurde unter dieser Bezeichnung das nach **dendrochronologischer Korrektur** (Kap. 4.1.1.7) ermittelte Alter in Kalenderjahren verstanden, an dessen Stelle heute der Begriff tatsächliches Alter getreten ist).

Konventionelle ^{14}C-Alter müssen folgende Bedingungen erfüllen (STUIVER & POLACH 1977):

-   Sie sind auf das Referenzjahr AD 1950 bezogen und tragen die Bezeichnung "Jahre vor heute" (a v.h.) bzw. im Englischen b.p. oder

B.P. = before present.

- Als Zeitnormal wurde der **NBS-Oxalsäure-** (oder **ANU-**) Standard verwendet, dessen ^{14}C-**Aktivität** mit 0,95 multipliziert und auf -19
  ^{o}/oo δ^{13}C-korrigiert (Kap. 4.1.1.4) wurde. Vor 1960 ermittelte
  Daten sind **SUESS-korrigiert** (Kap. 4.1.1.6).

- Zur Altersberechnung wurde die sog. **LIBBY-Halbwertszeit** von 5568
  Jahren verwendet. Bei geophysikalischen Anwendungen der ^{14}C-Me-
  thode greift man auf die physikalische Halbwertzeit von 5730 $\pm$
  30 Jahre zurück. Die damit berechneten ^{14}C-Alter sind um 3 %
  größer als die entsprechenden konventionellen. Diese Festlegung
  auf die ungenauere LIBBY-Halbwertszeit wurde getroffen, weil schon
  zehntausende ^{14}C-Daten vorliegen und ihre Vergleichbarkeit mit
  den neuen Altern gesichert bleiben soll.

- Die gemessene ^{14}C-Konzentration wurde vor der Umrechnung in
  ^{14}C-Alter auf -25 ^{o}/oo δ^{13}C-korrigiert (Kap. 4.1.1.4).

MAXIMALALTER

Die statistisch bedingte Streuung der Ergebnisse **radioaktiver** Messungen
(Kap. 4.1.1.3) legt eine untere Nachweisschwelle der gerade noch bestimm-
baren **Aktivität** fest, durch die das sog. Maximalalter festgelegt ist (FEL-
BER & VICHYTIL 1962). Es handelt sich um die ^{14}C-Konzentration, die
kleiner oder gleich dem Vielfachen ihrer **Standardabweichung** ist. Üblicherweise wird eine **Sicherheitswahrscheinlichkeit** von 97,7 % (2δ-**Kriterium**)
vorgegeben, für die die doppelte Standardabweichung zur Maximalaltersbe-
rechnung verwendet wird (Fig. 3). Manche Labors wählen wegen unzureichender Reproduzierbarkeit ihrer Ergebnisse 99,9 % oder das 3δ-Kriterium. Je
nach Meßdauer und **Gütefaktor** der eingesetzten Apparaturen ergeben sich Maximalalter zwischen 35 000 und 60 000 Jahre v.h. Die Standardabweichungen betragen $\pm$ 4000 oder $\pm$ 3000 Jahre für Sicherheitswahrscheinlich-
keiten von 97,7 bzw. 99,9 %.

Einige Labors (z.B. SRDOC et al. 1981) setzen sich über die meßtechnische Grenzgenauigkeit (CURRIE 1972; GEYH 1972a) hinweg und berechnen von jedem Meßwert, ob er statistisch gesichert über Null liegt oder nicht, ^{14}C-Alter, deren Standardabweichungen dann aber größer sind als $\pm$ 4000 Jahre. Es handelt sich nicht um genauere Ergebnisse, sondern um eine weniger gesicherte Interpretation der Meßwerte.

Maximalalter werden oft mißinterpretiert. Wird z.B. > 40 000 Jahre v.h. angegeben, kann die zugehörige Probe 36 000 Jahre jung (Sicherheitswahrscheinlichkeit = 97,7 %) oder ebenso gut beliebig älter gewesen sein, also z.B. aus dem Tertiär stammen ! Eine andere Probe, deren ^{14}C-Alter 38 000 $\pm$ 1000 Jahre beträgt, braucht also nicht jünger gewesen zu sein. Schließlich können zwei Maximalalter > 34 000 und > 40 000 Jahre zu Proben gehören, deren scheinbar jüngere älter gewesen ist. Ein Entscheid ist aufgrund der ^{14}C-Ergebnisse nicht möglich. Von diesen Betrachtungen unberührt ist das Problem der **Kontamination** solch alter Proben.

MINIMALALTER

Analog zum Maximalalter ist das Minimalalter definiert. Es ergibt sich aus der ^{14}C-Zählrate, die sich mit einer Sicherheitswahrscheinlichkeit von 95,5 % (2σ-Kriterium) von der δ^{13}C-korrigierten ^{14}C-Zählrate des NBS-Oxalsäurestandards abhebt. Dies entspricht in etwa einem konventionellen ^{14}C-Alter von 100 Jahren.

Wegen der Verzerrung der ^{14}C-Zeitskala für die letzten 300 Jahre (Kap. 4.1.1.7) ist es üblich, anstelle des Minimalalters den Altersbereich zwischen AD 1640 und 1950 anzugeben. Mit der Präzissions-Kalibrationskurve (STUIVER 1982; Fig. 5) lassen sich aber inzwischen für solch kleine ^{14}C-Alter zwei oder mehrere, enger begrenzte Zeitabschnitte bestimmen.

Die Definition des Minimalalters berührt die Möglichkeit nicht, organische Substanzen aus der Zeit nach 1950 aufgrund des **Kernwaffen-Effekts** (Kap. 4.1.1.2) auf Jahre genau zu datieren.

DATIERUNGSBEREICH

Der Datierungsbereich der ^{14}C-Methode liegt meßtechnisch zwischen rund 300 und etwa 50 000 Jahren v.h. und überdeckt außerdem die Zeit nach 1950. Allerdings sind ^{14}C-Alter > 30 000 Jahre oft Minimalwerte, weil Kontaminationen scheinbare und nicht kontrollierbare Verjüngungen verursacht haben (Kap. 4.1.1.9).

^{14}C-Alter bis 70 000 Jahre v.h. wurden von ausgewählten, mit größter Wahrscheinlichkeit nicht kontaminierten Proben nach ^{14}C-Anreicherung ermittelt (GROOTES 1978; STUIVER et al. 1978).

4.1.1.6 SUESS- (Industrie-) Effekt und Korrektur

Seit Beginn der Industrialisierung um 1850 wird das quasi-stationäre Gleichgewicht des ^{14}C-Kreislaufs zwischen Atmosphäre, Biosphäre und den Ozeanen dadurch gestört, daß große Mengen ^{14}C-freien Kohlendioxids durch Verbrennung fossilen Erdöls und Kohle freigesetzt worden sind und werden. Die ^{14}C-Konzentration im Luft-CO_2 hat sich dadurch durchschnittlich um 0,03 %/Jahr verringert, so daß z.B. im Jahr 1950 gewachsene organische Substanzen um scheinbar 250 Jahre überhöhte Alter ergeben. Diese Erscheinung wird nach dem Entdecker "SUESS-Effekt" (auch Industrie-Effekt) genannt. SUESS-korrigiert werden ^{14}C-Daten, die Anfang der Fünfziger Jahre ermittelt und auf einen Holz-Standard bezogen worden sind, der vom SUESS-Effekt betroffen war, also aus der Zeit zwischen 1850 und 1950 stammte (TANS et al. 1979; DE JONG & MOOK 1982).

4.1.1.7 Dendrochronologische Korrektur (DE-VRIES-Effekt)

Mit genaueren ^{14}C-Daten wurde Mitte der 50iger Jahre sichtbar (De VRIES 1958), daß die ^{14}C-Konzentration des atmosphärischen CO_2s zumindestens während der letzten 300 Jahre entgegen der Modellvorstellung LIBBYs variiert hat. Da bei Routinedatierungen von einer zeitlich konstanten ^{14}C-Anfangskonzentration ausgegangen wird (Kap. 4.1.1.1), weicht die ^{14}Cvon der Kalender-Zeitskala ab. Diese Erscheinung wird DE-VRIES-Effekt genannt.

Inzwischen werden mehrere Arten von Abweichungen des ^{14}C-Gehalts des atmosphärischen CO_2s vom Bezugswert 100 pcm unterschieden (MOOK et al. 1979), deren Ursachen in Schwankungen der ^{14}C-Produktionsrate (CASTAGNOLI & LAL 1980) und höchstwahrscheinlich auch in klimatisch bedingten Änderungen der ^{14}C-Inhalte globaler Reservoirs (Atmosphäre, Biosphäre, Ozeane) zu suchen sind. Man unterscheidet einen

- Langzeit-Trend mit einer Periode von rund 9000 Jahren (DAMON et al. 1972), der sich aus einer Modulation der Intensität der kosmischen Strahlung durch das erdmagnetische Feld (BUCHA 1970) erklärt.

- mittelfristigen Trend mit Fluktationen von Jahrhunderten ("wiggles"), die zu den Sonnenfleckenzahlen korreliert zu sein scheinen (DAMON et al. 1972), also von der Sonnenaktivität und dem Klima bestimmt sein können (SUESS 1980). Präzissionsmessungen zeigen (DE JONG et al. 1979; BRUNS et al. 1980; DE JONG & MOOK 1980), daß die mittelfristigen Änderungen der ^{14}C-Anfangskonzentration mit einem raschen Anstieg innerhalb von rund 30 Jahren einsetzen und nach doppelt so langer Zeit auf den Ursprungswert abklingen.

- kurzperiodischen Effekt innerhalb eines Sonnenfleckenzyklus, der bei starken Änderungen des erdmagnetischen Feldes und erhöhter Sonnenaktivität beobachtet wird und zu Datierungsfehlern bis maximal 25 Jahre führt.

In der Datierungspraxis interessiert der genaue Verlauf der ^{14}C-Anfangskonzentration in der Vergangenheit, oder noch besser die Abweichungen der ^{14}C- von Kalenderjahren für die verschiedenen Zeitabschnitte. Sie sollen in Form einer international festgelegten ^{14}C-Korrekturkurve (Fig. 5, 6 & 7) oder -tabelle (RALPH et al. 1973) jedermann zugänglich gemacht werden.

Die ersten Korrekturwerte lieferten ^{14}C-Analysen an dendrochronologisch

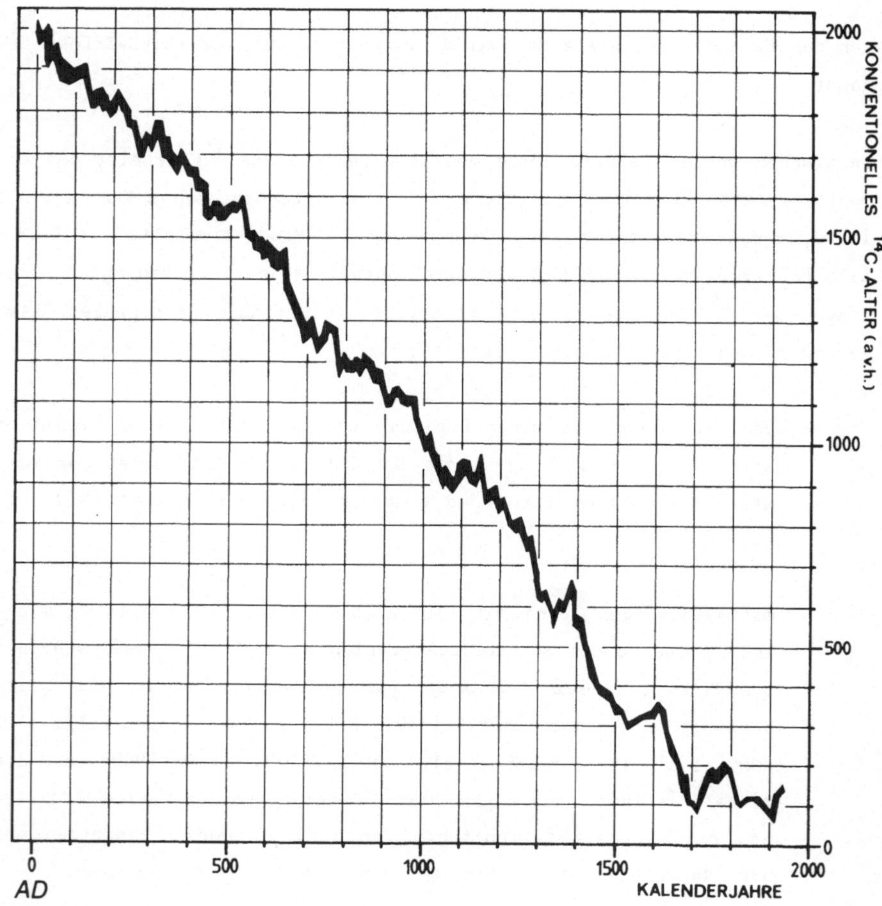

<u>Fig.   5</u>: Vorläufige ^{14}C-Präzissionskorrekturkurve für konventionelle
^{14}C-Alter bis 2000 Jahre (STUIVER 1982).

auf das Jahr genau datierten Hölzern der nordamerikanischen Sequoia und
der kalifornischen Borstenkiefer (SUESS 1965; DAMON et al. 1972; RALPH et
al.1973; CLARK 1975; SUESS 1980a). Eine statistische Auswertung aller Daten legten KLEIN et al. (1982) als Korrekturtabelle vor. Sie ist mittler-
weile überholt, nachdem mit Schaffung der mitteleuropäischen Eichenring-
Chronologie (SCHWABEDISSEN & SCHMIDT 1983) Präzissionsmessungen auf $\pm$ 12
Jahre genau ermöglicht wurden, die eine fast 6000 Jahre lange, sehr genaue
verläufige Korrekturkurve ergeben haben (PEARSON et al. 1983).

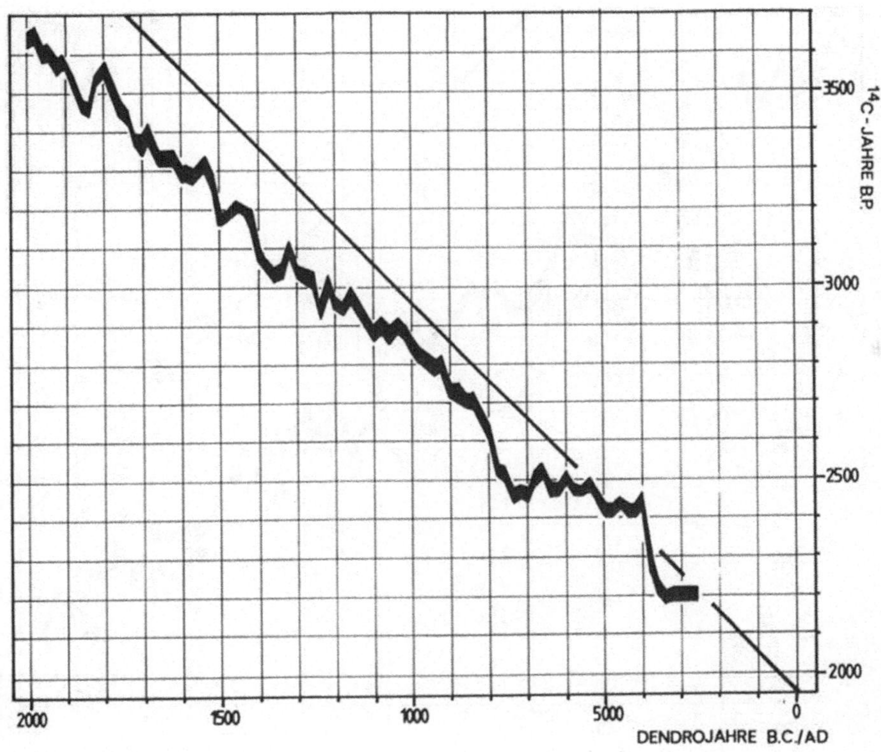

Fig. 6: Vorläufige Korrekturkurve konventioneller ^{14}C-Alter zwischen 0
bis 2000 B.C. nach PEARSON et al. (1983).

Für die letzten 2000 Jahre sind die Abweichungen zwischen konventionellen
^{14}C- und tatsächlichen Altern kleiner als $\pm$ 200 Jahre (Fig. 5). In
vorchristlicher Zeit wachsen die Unterschiede zwischen der Zeitenwende und
7300 Jahre v.h. von 0 auf rund +800 Jahre (Fig. 6 & 7). Für die Zeit vor
8000 Jahre v.h. ist die Situation unbekannt. Die Abweichungen könnten noch
größer werden (STUIVER 1978; LINICK & SUESS 1981; VOGEL 1983), da einer-
seits der CO_2-Gehalt in der Atmosphäre während des Hochglazials wesentlich kleiner war als im Holozän und andererseits eine erhöhte ^{10}Be-In-
jektion (Kap. 4.1.6) auch auf größere ^{14}C-Produktion hinweist.

Einer generellen dendrochronologischen Korrektur konventioneller ^{14}C-
Alter stehen heute noch mehrere Argumente entgegen. Es fehlt

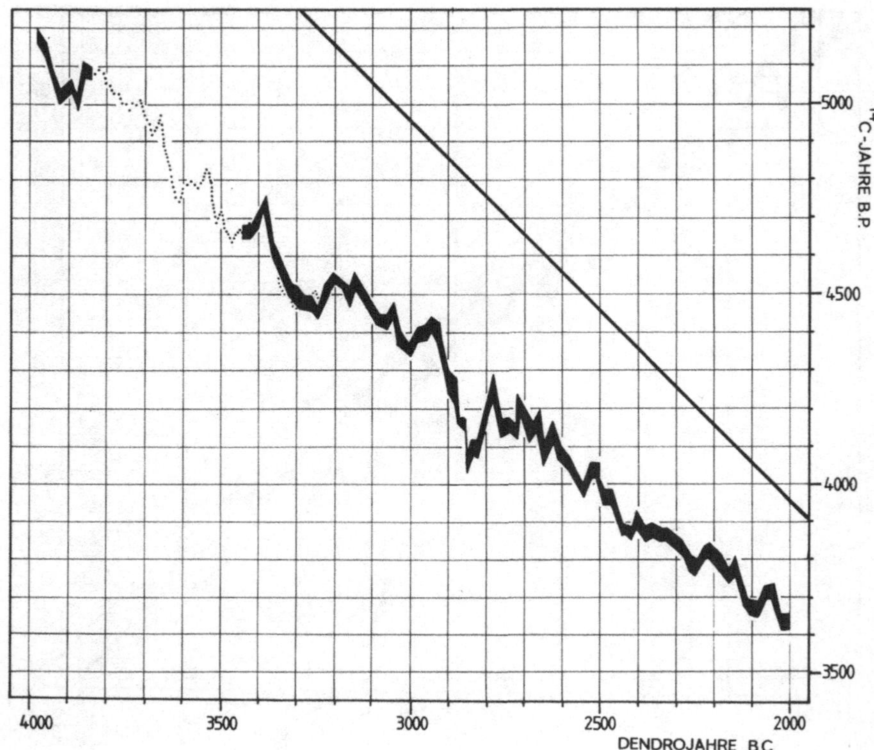

Fig. 7: Vorläufige Korrekturkurve konventioneller ^{14}C-Alter zwischen 2000 und 4000 B.C. nach DE JONG et al. (1979) und PEARSON et al. (1983).

- eine international festgelegte Korrekturkurve oder -tabelle:
  Die vorliegenden Abschnitte verschiedener Labors müssen angepaßt werden, weil z.T. über die Standardabweichung hinausgehende Unterschiede bestehen.

- eine verbindliche Anleitung zur Durchführung dendrochronologischer Korrekturen: Ohne sie können vom selben ^{14}C-Alter mit derselben Korrekturkurve verschiedene ·tatsächliche Alter ermittelt werden. Wie soll z.B. in Abschnitten mit starken Windungen der ^{14}C-Korrekturkurve verfahren werden, in der ein ^{14}C-Ergebnis mehrere Altersintervalle liefert (Fig. 8) ? Wenn eine geschichtlich fundamentierte Alternativfrage vorliegt, könnten diese Intervalle die Aufgabe erleichtern, eine brauchbare Antwort zu finden. Liegt keine solche Frage vor, würde die größtmögliche Zeitspanne wohl die sicherste Aussage liefern. Kaum durchsetzen wird sich, das korrigierte Alter als Median mit "$\pm$"-Abweichung anzugeben, da keine GAUSSsche Häufigkeitsverteilung vorliegt.

- eine Lösung mehrerer methodischer Probleme (Tab. 4): Die Korrekturkurven bzw. -tabellen unterscheiden sich für Proben, die verschieden lange Zeitabschnitte repräsentieren (Fig. 8). Einjährige Proben liefern das größte korrigierte Altersintervall, oft in Teilabschnitte gegliedert. Proben, die innerhalb mehrerer Jahrzehnte entstanden sind, können gleichmäßig (linear) oder ungleichmäßig (gewichtet) gewachsen sein (Tab. 4). Die inneren Ringe eines Zweiges haben z.B. bedeutend weniger Masse als die äußeren. Proben wie z.B. Böden oder Karstwasser, die Mischungen unterschiedlich alter Komponenten unbekannter Anteile sind, lassen nur eine sehr ungenaue Angabe der tatsächlichen Zeitspanne zu, in der sie gebildet worden sind. Eine dendrochronologische Korrektur (SCHARPENSEEL & ZAKOSEK 1979) ist nicht möglich.

- der generelle Erfolg der Korrektur konventioneller ^{14}C-Alter (SCHWABEDISSEN 1978).

Die sich nach der Korrektur ergebenden maximalen Altersintervalle können größer oder kleiner sein als die **Mutungsintervalle** der konventionellen ^{14}C-Alter, je nach der Steigung der Korrekturkurve. Verläuft sie flach wie zwischen AD 80-120, 130-210, 250-320, 440-530, 690-760, 780-880, 900-980, 1040-1160, 1500-1620 und 1810-1910 (Fig. 5), sind die korrigierten Zeitintervalle größer, bei steiler Korrekturkurve kleiner.

Die dendrochronologische Korrektur wird ohne Frage eines Tages generell durchzuführen sein. Der Vorteil ist (SUESS 1967), daß dann auch die Dauer bestimmter Ereignisse ermittelt werden kann, was bisher nicht möglich ist. Der Zeitpunkt für eine generelle Durchführung der dendrochronologischen Korrektur ist aber noch zu früh. Unstimmigkeiten würden das Vertrauen in

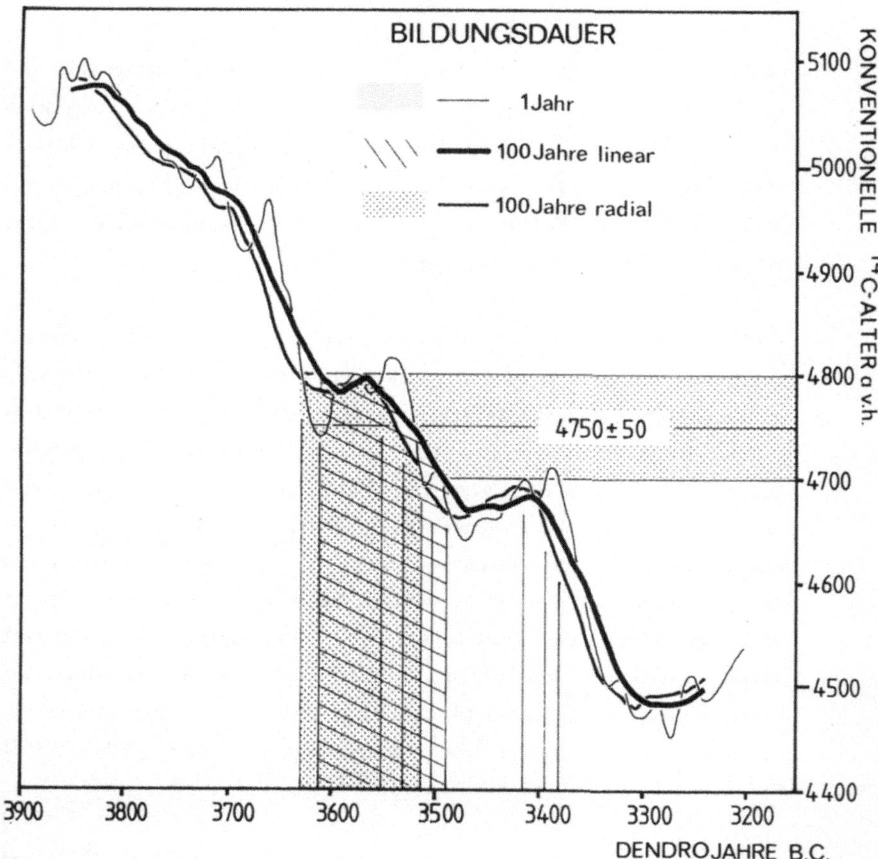

Fig. 8: Korrekturkurve konventioneller ^{14}C-Alter für Proben unterschiedlicher Bildungsdauer (MOOK et al. 1979) und Zuwachsrate: Ein
^{14}C-Alter A von 4750 ± 50 Jahren entspricht nach der Einjah-
reskurve mehreren Zeitabschnitten (grau), nach der 100-Jahreskurve
und gleichmäßigem Zuwachs (liniert) eine engere Spanne und für die
100-Jahreskurve mit radialem Zuwachs einem etwa gleichgroßen, aber
verschobenen Intervall (punktiert).

die ^{14}C-Methode schmälern.

Die Abweichung der konventionellen ^{14}C- von der Kalenderzeitskala wirft
die Frage auf, ob mit den radiometrischen Methoden "absolute Alter" erhalten werden. Dies ist zu bejahen, da jede dieser Zeitskalen, obgleich voneinander abweichend, für sich weltweit vergleichbare - daher absolute -

Zeitangaben liefert. Man trägt diesem Umstand Rechnung und spricht von physikalischer oder chemischer anstelle von absoluter Altersbestimmung.

Die noch bestehenden Schwierigkeiten schmälern den unschätzbaren geophysikalischen und paläoklimatischen Wert der Korrekturkurve (SUESS 1980) nicht. Mit ihrer Hilfe werden sich viele, bisher ungeklärte Vorgänge zwischen Erde und extraterrestrischem Raum entschlüsseln lassen.

Tabelle 4: Altersintervalle, die durch dendrochronologischer Korrektur einiger ^{14}C-Daten für Bildungszeiten von einem Jahr oder 100 Jahren und gleichmäßiger (MOOK et al. 1979) bzw. radial zunehmender Wachstumsrate ergeben.

^{14}C-Alter	Bildung: 1 Jahr	100 Jahre gleichmäßig	100 Jahre radial
4650 ± 50	3360-3380, 3390-3490, 3505-3515	3360-3490	3375-3515
4700 ± 100	3360-3530, 3550-3630	3360-3610	3375-3630
4750 ± 50	3380-3390, 3410, 3490-3505, 3515-3530, 3550-3630	3490-3610	3515-3630

4.1.1.8 Reservoir-Effekt und -Korrektur

Nicht alle datierbaren Substanzen haben eine ^{14}C-Anfangskonzentration, die dem korrigierten ^{14}C-Gehalt des NBS-Oxalsäure-Standards entspricht. Solche Proben stammen entweder aus Reservoiren, in denen die Aufenthaltszeit des Kohlenstoffs wesentlich größer ist als in der Atmosphäre, oder es handelt sich um natürliche Mischungen verschieden alter Substanzen. In beiden Fällen sind die ^{14}C-Anfangskonzentrationen kleiner als der Bezugswert 100 pcm.

Diese Phänomene sind unter dem Begriff "Reservoir-Effekt" zusammengefaßt. Konventionelle ^{14}C-Alter von Proben, die aus entsprechenden Systemen stammen, erscheinen ohne Reservoir-Korrektur um hunderte oder gar tausende Jahre zu alt.

Ein Beispiel sind die ^{14}C-Alter mariner Muschelschalen. MANGERUD & GUL-LIKSON (1975) ermittelten für die Küste Norwegens eine von Süden nach Norden von -450 auf -600 Jahre wachsende Reservoir-Korrektur. Für Spitsbergen wurden -510 und für das arktische Kanada -750 Jahre bestimmt. In der Antarktis und an der Westküste Amerikas sorgen aufsteigende, alte Tiefenwässer für jahreszeitlich veränderliche Wasseralter bis 1000 Jahre (ROBINSON & TRIMBLE 1981; OMOTO 1972). Aber an vielen Küsten heben sich die δ^{13}C-(Kap. 4.1.1.4) und Reservoir-Korrekturen für ^{14}C-Alter von Muschelschalen gerade auf. Trotzdem sollten beide Korrekturen getrennt vorgenommen werden (STUIVER & POLACH 1977).

Ein weiteres Beispiel liefern Substanzen, die auf der südlichen Hemisphäre gebildet worden sind. Ihre ^{14}C-Alter sind um bis zu 50 Jahre größer als die gleichalter Proben der nördlichen Halbkugel (LERMAN et al. 1970). Die Ursache ist ein im Süden, wegen der relativ größeren Wasserfläche stärkerer Gasaustausch zwischen Atmosphäre und Ozean. Aus dem gleichen Grund sind die ^{14}C-Gehalte von Inselproben um bis 50 ^{o}/oo kleiner (OLSSON 1979) als die von Festlandsproben.

Der Reservoir-Effekt in Frischwasser-Systemen ist seit drei Jahrzehnten unter dem Begriff "Hartwasser-Effekt" bekannt (DEEVEY et al. 1954). Durch die Beteiligung von fossilem Bodenkalk bei der Einstellung des Kalk/Kohlensäure-Gleichgewichts während der Grundwasserneubildung ist die ^{14}C-Anfangskonzentration der im Grundwasser gelösten freien und gebundenen Kohlensäure kleiner als 100 pcm (Kap. 6.5). In Seen, die durch Grundwasser gespeist werden, haben deshalb die in ihnen gebildeten organischen Substanzen (Mudden, Muschelschalen) ebenfalls gegenüber 100 pcm kleinere ^{14}C-Anfangskonzentrationen. Die scheinbaren ^{14}C-Alter können durchaus 1000 Jahre zu groß sein, mit Änderungen während der Seengeschichte ist zu rechnen (GEYH et al. 1971; Kap. 6.4).

Höhlensinter, der aus dem Bikarbonat des Tropfwassers nach Entgasung ausfällt, hat ebenfalls eine verkleinerte ^{14}C-Anfangskonzentration (Kap.

6.4). Die ^{14}C-Alter sind - abhängig von der pedologischen Situation oberhalb der Höhle - zwischen 3500 bis 1000 Jahre größer als die tatsächlichen (GEYH 1970; 1970a; 1972).

In vulkanisch aktiven Gebieten verkleinert die Emission fossilen Kohlendioxids die ^{14}C-Konzentration des atmosphärischen CO_2s. Viel zu große ^{14}C-Alter, die nicht über die δ^{13}C-Werte (Kap. 4.1.1.4) erkannt werden können (BRUNS et al. 1980a; SAUPÉ et al. 1980), sind die Folge. Die Zersetzung von Kalk durch frische Huminsäuren (RENDZINA-Effekt) hat einen vergleichbaren Effekt auf die ^{14}C-Konzentration des Boden-CO_2 sowie die Boden- und Höhlensinteralter (GEYH 1970).

4.1.1.9 Altersverfälschung durch Kontamination

Kontamination, d.h. Beimengung altersfremden (**allochtonen**) Kohlenstoffs in der zu datierenden Substanz, führt zu **scheinbaren** [14]**C-Altern**, die von denen der **autochthonen** (unkontaminierten) Probenfraktionen beträchtlich nach oben und unten abweichen können. Häufige Ursachen sind Durchwurzelung, **Huminsäure**-Infiltration, **Bioturbation** oder **anthropogene** Störungen. In Seesedimenten sind es eingewehte karbonatische oder eingeschwemmte fossile organische Substanzen (z.B. Graphit). Proben, deren Kohlenstoffgehalte unter 5 $^o/oo$ liegen, ergeben aus dem gleichen Grund oft um viele Jahrtausende zu hohe scheinbare ^{14}C-Alter (OLSSON 1979a). Solche Fälle sind durch **Standardabweichungen** erkennbar, die ein Vielfaches größer sind als die üblichen (Fig. 4).

Vermieden werden sollen Kontaminationen durch unsachgemäße Entnahme, Behandlung oder Verpackung der Proben (Kap. 5.1 & 5.2).

[14]C-Proben werden vor ihrer Analyse mit Hilfe manueller und chemischer Vorbereitungs- und Extraktionsverfahren so gut als möglich von Kontaminationen befreit. Wegen der Vielfalt datierbarer Substanzen gibt es kein generell einsetzbares und 100 %ig-wirksames Verfahren. Eine einmal kontaminierte Proben ist selten vollständig zu reinigen.

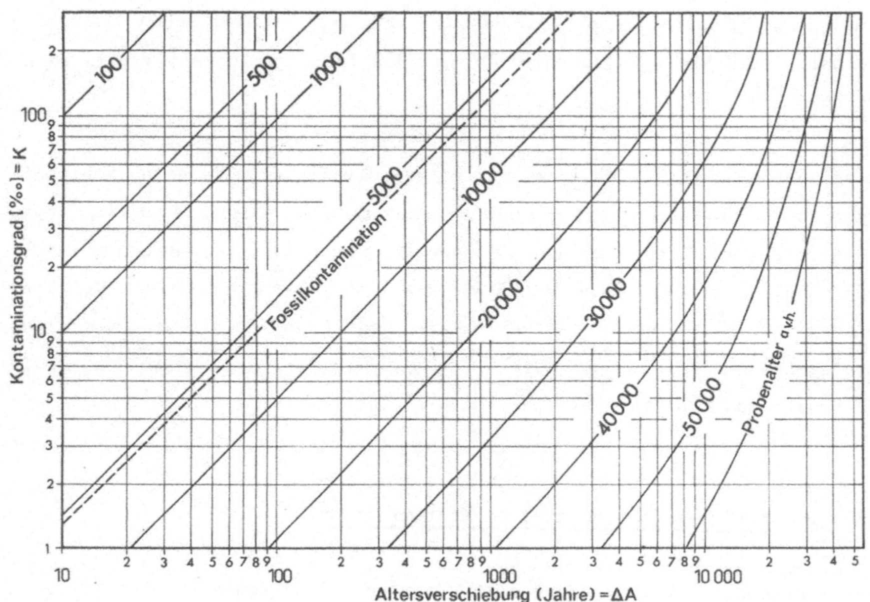

Fig. 9: Abweichung zwischen gesuchtem und scheinbarem ^{14}C-Alter für unterschiedliche Anteile (^{o}/oo) allochthonen Kohlenstoffs. Scheinbare ^{14}C-Altersüberhöhungen, unabhängig vom Probenalter, werden
bei Zumischung fossilen Kohlenstoffs (gestrichelt) gefunden. Kontaminationen mit **rezentem** Kohlenstoff täuschen zu kleine scheinbare ^{14}C-Alter vor. Der Unterschied wächst mit steigendem Probenalter sehr schnell.

Die durch Kontamination verursachte Differenz A von scheinbarem zu tat-
sächlichem Alter hängt vom Kontaminationsgrad k (^{o}/oo) und der ^{14}C-
Konzentration (Alter) der zugemischten Substanz ab (Fig. 9). Ist diese
fossil, also ohne Radiokohlenstoff, ist das scheinbare ^{14}C-Alter A_f
größer als das gesuchte A.

Gleichung 14: $$\Delta A_f = A_f - A = -\lambda \, \ln(1 - \frac{k}{100})$$

ΔA_f ist unabhängig vom ^{14}C-Probenalter. Eine 1 %ige Fossil-Kontamination
erhöht die ^{14}C-Alter um 80 Jahre.

Ist der zu datierenden Probe mit dem ^{14}C-Gehalt Z_p rezenter Kohlenstoff (Z_r) beigemischt, ist das scheinbare ^{14}C-Alter A_r kleiner als das gesuchte

Gleichung 15: $\Delta A_r = A_r - A = \lambda \ln(1 - \frac{k}{100} (\frac{Z_r}{Z_p} - 1))$

In diesem Fall geht das Probenalter A über Z_p ein. Eine 1 %ige Kontamination mit rezentem Kohlenstoff ergibt ein A_r von -10, -300 oder -7000 (!) Jahren für Proben mit 1000, 10 000 bzw. 40 000 Jahren Alter. Danach kann ΔA_r bei kontaminierten alten Proben so groß werden, daß nicht einmal mehr eine sichere chronologische Einstufung pleistozäner Proben möglich ist. ^{14}C-Alter über 30 000 Jahre v.h. sind deshalb immer als potentielle Minimalwerte zu behandeln. Ausnahmen bestätigen die Regel (GROOTES 1978; STUIVER et al. 1978).

Um im Einzelfall die tatsächlichen Abweichungen beurteilen zu können, werden von dem zu datierenden Objekt (Probe, Fundschicht) mehrere ^{14}C-Analysen verschiedener Substanzen (Holz, Torf, Knochen) oder Fraktionen (Zellulose, **Huminsäure**, **Kollagen**, Apatit) vorgenommen, da sie kaum denselben Kontaminationsgrad haben werden.

Die durch Kontamination verursachte Differenz zwischen scheinbarem und gesuchtem ^{14}C-Alter ist von Fehlurteilen (WATERBOLK 1971) zu unterscheiden, die bei irrtümlicher Zuordnung einer Substanz zu einem zu datierenden Objekt oder falscher **stratigraphischer** Einstufung gemacht werden. Die Datierung umgelagerter Hölzer oder Muschelschalen (Kap. 6.1.2) liefert dafür Beispiele.

4.1.1.10   Einheiten für ^{14}C-Gehalte

In geochemischen und geophysikalischen Studien werden oft anstelle konventioneller ^{14}C-Alter (Kap. 4.1.1.5) die gemessenen oder δ^{13}C-korrigierten (Kap. 4.1.1.4) ^{14}C-Gehalte in verschiedenen Einheiten angegeben. Nach STUIVER & POLACH (1977) sollten die Symbole dieser Einheiten je nach Anwendung für

geochronologische Studien,

geochemische Studien an undatierten Proben, und

geochemische Studien an datierten Proben

unterschieden werden.

PERCENT MODERN (pM oder pcm)

Der Quotient der **Aktivitäten** einer Probe und des **NBS-Oxalsäure-Standards** ausgedrückt in Prozent liefert einen Wert in ‰modern oder pcm. Diese Bezeichnung hat sich für die Angabe der ^{14}C-Gehalte von Grundwasser eingebürgert.

Gleichung 16:

$$pM = \frac{Z_{Probe}}{Z_{Standard}} \cdot 100 \quad pcm$$

PROMILLABWEICHUNG vom STANDARD ($d^{14}C$, $\delta^{14}C$)

Analog zur Definition des δ^{13}C-Werts (Kap. 4.1.1.4; Gl. 12) sind d^{14}C (geochronologische Anwendung) und δ^{14}C (geochemische Anwendung) für den gemessenen ^{14}C-Gehalt ohne δ^{13}C-Korrektur in ^{o}/oo definiert. Alterskorrekturen werden bei **dendrochronologisch** datierten Proben des Alters A angebracht. Unter Verwendung der physikalischen Halbwertszeit von 5730 Jahren wird Z mit F multipliziert. Es ergibt sich die ^{14}C-Anfangskonzentration zum Zeitpunkt A.

Gleichung 17:

$$F = e^{\lambda \cdot \frac{(A - 1950)}{8267}}$$

PROMILLABWEICHUNG nach δ^{13}C-KORREKTUR vom STANDARD ($D^{14}C$, $\Delta^{14}C$, Δ)

Analog zu d^{14}C und δ^{14}C sind die δ^{13}C-korrigierten ^{14}C-Aktivitäten D^{14}C für geochronologische Studien, Δ^{14}C (altersunkorrigiert) für geochemische Studien und Δ mit Alterskorrektur nach Multiplikation mit F (Gl. 17) für geophysikalische Studien definiert. Zwischen D^{14}C- und d^{14}C bzw. analog für $\Delta^{14}C$ und $\delta^{14}C$ besteht folgende angenäherte Beziehung:

Gleichung 18: $$D^{14}C = d^{14}C - 2 \cdot (\delta^{13}C + 25) \cdot (1 + \frac{d^{14}C}{1000})$$

4.1.2   Tritium- (^{3}H-) Methode

Die **Tritium**-Methode in der klassischen **Modellvorstellung** (KAUFMAN & LIBBY 1954) hat heute kaum noch Bedeutung, weil der **anthropogene** den **kosmogenen** ^{3}H-Pegel der **Hydrosphäre** nach den **Kernwaffen-Explosionen** zeitweise um bis zu drei Größenordnungen übertroffen hat (Fig. 2). Diese künstliche Markierung wird heute ausgenutzt, Grundwässer mit **Verweilzeiten** bis 150 Jahren (MOSER & RAUERT 1980; GEYH et al. 1982a) und nicht temperiertes Eis von vielen Jahrzehnten Alter aufgrund der ^{3}H-Gehalte zu datieren.

Tritium ist ein **Beta-Strahler** (Tab. 1) mit einer **Halbwertszeit** von 12,43 Jahren. Der **kosmogene** Pegel in den Niederschlägen beträgt einige TE (Tritium-Einheit = tritium unit = TU = 1 Tritium-Atom pro 10^{18} Wasserstoff-Atome = 3,2 pCi/1 = 7,2 dpm/1; möglicherweise tritt in Zukunft anstelle TE = TR für tritium ratio).

In geschlossenen Systemen wie z.B. nicht temperiertem antarktischen Eis oder Tiefenwasser können aus dem ^{3}H-Gehalt mit Gl. 3 **Alter** berechnet werden. Oberflächennahe Grundwässer und Gletschereis (SCHOTTERER et al. 1977) sind hingegen oft komplexe Mischungen verschieden alter Komponenten (**Exponentialmodell**) mit nicht bekanntem Anteil anthropogenen Tritiums. Für spezielle Proben wie z.B. Karstwasser wurden erfolgreich **Modelle** entwik-kelt (Kap. 6.5.2.2), mit deren Hilfe bei bekannter ^{3}H-Injektionskurve der lokalen Niederschläge aus den ^{14}C- und ^{3}H-Gehalten mittlere Verweilzeiten und die ^{14}C-Anfangskonzentration der Grundwässer (GEYH 1972; GEYH et al. 1982) abschätzbar sind.

Der Einsatz der ^{3}H-Methode wird dadurch kompliziert, daß sich die ^{3}H-Gehalte der Niederschläge örtlich und jahreszeitlich unterscheiden. Sommerregen enthält im allgemeinen mehr Tritium als Schnee, an den Küsten werden kleinere ^{3}H-Gehalte gemessen als landeinwärts (**Kontinental-**

Effekt). Diese Schwierigkeit ist weitgehend überwunden, seit Mitte der Sechziger Jahre von der Internationalen Atombehörde in Wien begonnen wurde, ein globales Netz von Sammelstellen für Regenwasserproben zu unterhalten, um weltweit Injektionskurven zu bestimmen. Die Ergebnisse werden regelmäßig in den IAEA Technical Report Series veröffentlicht. Ausreichend genaue Extrapolationskurven sind damit für nahezu jeden Orte der Erde zu ermitteln. Für die Fünfziger Jahre bieten sich Abschätzungen aufgrund der gemessenen ^{90}Sr-Gehalte (fall out) an.

Tritium-Gehalte von einigen TE und weniger werfen immer die Frage auf, ob eine anthropogene Kontamination vorliegt oder es sich um natürliches kosmogenes Tritium handelt, mit dem eine Altersbestimmung nach Gl. 3 möglich ist. Zu leicht findet Isotopenaustausch zwischen offenen Wasseroberflächen und der Luftfeuchtigkeit statt. Dies kann auch noch während der Lagerung der Proben geschehen. Kritischster Punkt ist der Verschluß der Flaschen. Nützlich ist in jedem Fall eine vollständige Füllung mit kleinem Luftpolster und ggfs. zusätzlich eine Versiegelung mit Wachs. Plastikflaschen sind nur für kurze Lagerzeiten erlaubt, für den Transport aber besser geeignet als die sonst vorteilhafteren, aber zerbrechlichen Glasgefäße. Zur Vermeidung von Fehlern geben die Labors Hinweise. Vergessen werden darf nie, das Datum der Probenahme zu nennen, weil die kleine Halbswertszeit Zerfallskorrekturen von 5 %/Jahr notwendig macht.

Die benötigte Probenmenge wird von der verwendeten Meßtechnik (Kap. 3.1) bestimmt. Flüssigkeits-Szintillationszähler, für die Tritium angereichert werden muß, erfordern Proben von 1-2 Litern. Bei Proportional-Zählrohren und ^{3}H-Gehalten bis 1 TE kommt man mit 15 ml aus. Die Nachweisgrenze liegt bei etwa 0,05 TE und wird vorerst nur in ozeanographischen Studien (Kap. 6.8) ausgenutzt.

Die Schwierigkeit, lokale Injektionskurven kennen zu müssen, wurde mit dem ^{3}He/^{3}H-Verfahren überwunden (CLARKE et al. 1976). Bei ihm wird neben der Konzentration des Tritiums auch das bei dessen Zerfall entstandene und im Grundwasser gelöste Helium-3 quantitativ massenspektrometrisch (Kap. 3.2) bestimmt. Beide Ergebnisse zusammen liefern die ^{3}H-Anfangskonzentration (Gl. 8), sofern keine Gasverluste eingetreten sind.

Häufiger sind Proben zu messen, bei denen diese Voraussetzung nicht erfüllt ist, wie z.B. bei Ozeanwasser mit seinen kleinen Tritium-Gehalten von einigen 0,1 TE (TORGERSEN et al. 1979). Diese Proben werden in gasdichten Behältern viele Monate bis zu einem Jahr aufbewahrt und das nachwachsende radiogene ^{3}He gemessen.

4.1.3   Argon-39- (^{39}Ar-) Methode

An die noch sehr junge ^{39}Ar-Methode, die mit kosmogenem, beta-strahlenden Argon-39 (Halbwertszeit = 269 Jahre) arbeitet, werden in der Hydrogeologie (Kap. 6.5) und in der Ozeanographie (Kap. 6.8) große Erwartungen geknüpft. Atmosphärisches Argon hat eine Aktivität von 0,112 dpm/1 Ar. Es wird mit den Luftblasen in Eis eingeschlossen und im Grundwasser gelöst. Die Altersbestimmung nach Gl. 3 basiert auf der Abnahme der ^{39}Ar-Aktivität durch radioaktiven Zerfall.

Der Hauptvorteil der Methode sei, daß das Edelgas Argon chemisch inaktiv ist. Als Nachteil ist zu nennen, daß es als Gas entweichen kann und durch Neutroneneinfang aus in Gesteinen häufigem Kalium-39 gebildet wird.

Erfolgreich wurden Datierungen an arktischem und antarktischem Eis (500 1) im Altersbereich zwischen 50 und 1200 Jahren auf ca. ± 5 % genau durchgeführt (LOOSLI & OESCHGER 1968; 1979). Versuche, Altersbestimmungen an Grundwasser (ca. 1,5 m^3) vorzunehmen, waren unterschiedlich erfolgreich (LOOSLI 1983).

Die Probenahme besteht in der Vakuum-Extraktion der Gase im Gelände. Im Labor schließt sich eine langwierige Reinigung und fraktionierte Destillation des Argons an, dessen Aktivität schließlich im Zählrohr mehrere Wochen gemessen wird.

4.1.4   Silizium-32- (^{32}Si-) Methode

Die aufwendige ^{32}Si-Methode wird nur in wenigen Labors routinemäßig

praktiziert, um die **Alter pelagischer** Sedimente (ca. 10 kg), von Glet-
schereis und Grundwasser (ca. 5-20 m^3) im Bereich zwischen 500 und 2000
Jahren zu bestimmen. Die **Standardabweichungen** betragen minimal $\pm$ 300
Jahre (CLAUSEN 1973; SOMAYAJULU et al. 1973). Teilchenbeschleuniger kommen
mit kleineren Probenmengen aus. Das Interesse an den ^{32}Si- und ^{39}Ar-
Methoden erklärt sich aus dem Wunsch, die Datierungslücke zwischen der
^{14}C- und der ^{3}H-Methode (Kap. 4.1.1 & 4.1.2) zu überbrücken.

Die **Halbwertszeit** des kosmogenen, **beta-strahlenden** Silizium-32 ist nur ungenau bekannt. Sie liegt zwischen 100 und 750 Jahren. Am häufigsten wird
295 Jahre genannt. ^{32}Si gelangt wahrscheinlich als Kieselsäure mit den
Niederschlägen in das Grundwasser, auf das Eis sowie in limnische und marine Sedimente. Die ^{32}Si-**Anfangskonzentration** des Grundwassers ist ebenfalls nicht genau bekannt, weil in der ungesättigten Zone noch nicht er-
forschte geochemische und biologische Abbauprozesse den ^{32}Si-Gehalt der
versickernden Niederschläge verkleinern. Deswegen und als Folge der unsicheren Halbwertszeit sind die nach Gl. 3 berechneten ^{32}Si-Alter wenig
zuverlässig. Nicht übereinstimmende ^{32}Si- und ^{14}C-Daten von Grundwässern (Kap. 6.5) finden so eine Erklärung.

Die **Extraktion** des Silizium aus mehreren m^3 Wasser wird im Gelände vorgenommen. Die **Zählrohr**-Messungen dauern bis zu einem Monat.

4.1.5   Chlor-36- (^{36}Cl-) Methode

Die ^{36}Cl-Methode mit einem **Datierungsbereich** von rund 2,5 Millionen Jahre überdeckt wegen der Eigenschaft von Chlor, sehr leicht löslich zu sein
und kaum an Ionenaustausch teilzunehmen, einen sehr breiten Anwendungsbe-
reich in der Hydrologie, Hydrogeologie und Glaziologie. Voraussetzung ist
der Einsatz von Teilchenbeschleunigern, mit denen erst die äußerst geringen natürlichen ^{36}Cl-Konzentrationen meßtechnisch erfaßbar wurden. Das
anthropogene ^{36}Cl der Kernwaffen-Explosionen läßt Altersbestimmungen der
letzten Jahrzehnte zu (BENTLEY et al. 1982). Wasserproben von wenigen Litern reichen aus, um die benötigten, wenigen Milligramm Chlor zu gewinnen.
Weitere Anwendungsgebiete sind Erosionsstudien in ariden Gebieten und

Altersbestimmungen relativ junger Salzlagerstätten (BAGGE & WILLKOMM 1966; TAMERS et al. 1969; ROMAN & AIRÉY 1981; BENTLEY et al. 1983).

Chlor-36 mit einer Halbwertszeit von 310 000 Jahren wird überwiegend in der Atmosphäre durch Spallation und Neutronenaktivierung von Argon und weniger häufig in Bodennähe aus ^{35}Cl gebildet, wenn man von den großen Mengen absieht, die bei den Kernwaffen-Explosionen im Ozeanwasser erzeugt worden sind. Das in der Atmosphäre entstandene ^{36}Cl gelangt als Aerosol innerhalb weniger Tage ins Grundwasser. Weder Verdunstung noch Verdünnung mit fossilem Chlor führen zu einer Verringerung des absoluten ^{36}Cl-Gehalts. Sie verändern nur das ^{36}Cl/Cl-Verhältnis, das einfach zu bestimmen ist. Die Bildung von ^{36}Cl im Aquifer ist zu berücksichtigen, wenn Gesteine mit hohem Chlor-Gehalten vorhanden sind. Die **Anfangskonzentration** ist i.a. nur grob bekannt, was aber bei dem großen Datierungsbereich kaum stört.

Das ^{36}Cl von Kernwaffen-Explosionen kann in Zukunft helfen, junge Wässer und Eis zu datieren, wenn die Markierung durch anthropogenes Tritium (Kap. 4.1.2) verschwunden ist (Fig. 2).

4.1.6 <u>Beryllium-10- (^{10}Be-) Methode</u>

Die ^{10}Be-Methode wurde zur Altersbestimmung von Böden, **pelagischen Sedimenten** (INOUNE & TANAKA 1976) und Manganknollen zwischen 10 000 und 15 Millionen Jahre entwickelt. Erst seit der Probenbedarf durch den Einsatz der Teilchenbeschleuniger drastisch reduziert worden ist, sind Routineanalysen (RAISBECK et al. 1978) und die Bestimmung **terrestrischer Alter von** Meteoriten möglich (NISHIIZUMI et al. 1983).

Das **beta-strahlende** Beryllium-10 (**Halbwertszeit** $= 1,6 \cdot 10^6$ Jahre) wird etwa zu einem Drittel in der Atmosphäre von der **kosmischen Strahlung** gebildet, zu 2/3 gelangt es mit dem kosmischen Staub auf die Erde. Daraus erklären sich große jahreszeitliche Schwankungen des ^{10}Be-Eintrags um einen Faktor vier und mehr sowie etwa 10 %ige Änderungen innerhalb der letzten 7-9 Millionen Jahre (KU et al. 1982; BEER et al. 1983). Der

^{10}Be-Eintrag während der letzten Eiszeit soll um mindestens einen Faktor zwei größer gewesen sein als während dem Holozän (KONSTANTINOV & KOCHAROV 1982).

Wegen der großen zeitlichen Unterschiede des ^{10}Be-Eintrags wird z.Z. weniger an einer Verbesserung der Datierungsmethode als an methodischen Problemen über die Produktion kosmogener Isotope gearbeitet.

4.1.7   Datierungsmethoden mit anderen kosmogenen Radionukliden

Andere Datierungsmethoden, die mit kosmogenen Isotopen arbeiten wurden bisher nur an Einzelproben mit Zählrohren getestet. Die Teilchenbeschleuniger könnten hier eine Änderung bringen (GEYH 1980).

Die ^{26}Al-Methode bietet sich zur Datierung von Eis, pelagischen Sedimenten, Manganknollen und Meteoriten für Alter zwischen 0,1 bis $5 \cdot 10^6$ Jahre an (ALDER et al. 1967; RAISBECK et al. 1979; NISHIIZUMI et al. 1983). Kombinierten ^{26}Al- und ^{10}Be-Untersuchungen wird breites Interesse entgegengebracht, um die zeitliche Änderung der Produktion kosmogener Isotope in der geologischen Vergangenheit studieren zu können, die zur Kalibration der methodisch unterschiedlichen Zeitskalen bekannt sein muß.

4.2   Mutter-/Tochter-Isotopenhäufigkeit als Zeitskala

Unter den Methoden, die aufgrund der Mutter-/Tochter-Isotopenhäufigkeiten Altersbestimmungen erlauben, sind für das Quartär nur die Blei-210 und die Uran/Helium-Methode von breitem Interesse. Das schließt nicht aus, daß z.B. mit der Kalium/Argon-Methode (GEYH 1980) an Einzelproben wichtige Zeitmarken bestimmt werden können.

4.2.1   Datierung mit freiem Blei-210 (^{210}Pb-Methode)

Freies Blei-210 ist im Eis nicht-temperierter Gletscher, marinen (Kap.

6.7.) und limnischen Sedimenten (Kap. 6.6), Torfen und Korallen zu finden und erlaubt **Altersbestimmungen** bis 150 Jahre. Es reichen 0,5 bis 2 kg Eis bzw. einige Gramm Sediment aus (GEYH 1980; EL DAOUSHY et al. 1982). Bleiweiß von Gemälden wurde auch datiert.

Das in der ^{238}U-Zerfallsreihe (Fig. 10) entstehende Edelgas **Radon-222** (**Halbwertszeit** = 3,82 Tage) zerfällt über mehrere Tochterprodukte in ^{210}Pb (Halbwertszeit = 22,3 Jahre). Ein Teil des Radons diffundiert aus dem Boden in die Luft und setzt sich nach **radioaktivem Zerfall** als festes Zerfallsprodukt rasch ab. Die Sedimentationsraten betragen 10-20 Atome /cm^{2}s und zeigen einen deutlichen **Kontinental-Effekt**. Der lokale Eintrag ergibt sich durch Untersuchung von Sediment- bzw. Eisprofilen. Blei-210 wird im Boden besonders an organischen Substanzen fixiert. Die Alter werden nach Gl. 3 berechnet.

^{210}Pb wird nach Extraktion des Bleis und Einstellung des radioaktiven **Gleichgewichts** am Folgeprodukt Polonium-210 mit Silizium-**Halbleiterzäh**lern (Kap. 3.1) gemessen. Neuerdings ermöglichen spezielle **Gamma-Detek**toren die Direktbestimmung über die 46,5 keV-Linie des ^{210}Pb.

Korrekturen sind notwendig, wenn in der Probe aus ^{226}Ra entstandenes, sog. gebundenes Blei-210 enthalten ist, dessen Anteil unter immer unsicheren **Modellannahmen** abgeschätzt und abgezogen werden muß.

4.2.2   Uran/Helium- (U/He-) Methode

Die Uran/Helium-Methode bietet sich für die Datierung von Grundwasser mit **Altern** zwischen 1000 und mehreren 100 000 Jahren an (SEIFERT 1978; ANDREWS & LEE 1979; BATH et al. 1979). Die **Mutter-** und viele **Tochterisotope** der natürlichen **Zerfallreihen** sind **Alpha-Strahler**, also Produzenten von Helium-4, dessen Konzentration im Wasser durch Diffusion aus dem Aquifergestein mit dem Alter zunimmt. Beim Zerfall eines ^{238}U-Atoms in ^{206}Pb entstehen z.B. 8 Helium-Atome. Im radioaktiven Gleichgewicht werden pro Jahr $1{,}19 \cdot 10^{-13}$ cm^3(NTP) He/ μg U und $2{,}88 \cdot 10^{-14}$ cm^3(NTP) He/μg Th erzeugt.

Der Anteil des im Wasser gelösten **radiogenen** Heliums ergibt sich nach Abzug des Gehalts an atmosphärischem Helium, der über das Argon abgeschätzt
wird. Datierungsfehler entstehen, wenn ^{4}He aus Klüften oder Salzstruktu-
ren in das Grundwasser migriert ist (GERLING et al. 1967). Der Nachweis
gelingt über das ^{3}He/^{4}He-Verhältnis.

Die Messungen werden **massenspektrometrisch** (Kap. 3.2) vorgenommen.

4.3   Radioaktive Ungleichgewichte -
       die Uran/Thorium- (Ionium-) Methoden

Uran/Thorium-Datierungen werden an **pelagischen** Sedimenten, Korallen (einige Gramm) und Höhlensinter (100-1000 g) bis zu Altern von 350 000 Jahren
durchgeführt. In Erprobung ist die Altersbestimmung von Torfen (VOGEL &
KRONFELD 1980). Muschelschalen und Knochen (einige 100 g) sind weniger gut
geeignet. Die Zuverlässigkeit der Ergebnisse ist bei Uran-reichen Proben
mit parallelen ^{231}Pa-/^{235}U-Analysen überprüfbar (BISCHOFF & ROSENBAUER
1981).

Grundlage dieser Methoden ist die geochemische Störung des **radioaktiven**
Gleichgewichts zwischen den **Mutter-** und Tochterisotopen der natürlichen
^{238}U-, ^{235}U- und ^{232}Th-Zerfallsreihen, deren Endglieder stabile
Blei-Isotope sind (Fig. 10). Im geschlossenen **System**, also z.B. in Kri-
stallen oder unverwitterten Gesteinen mit Altern über 500 000 Jahren, sind
die Atomzahlen der Glieder der Zerfallsreihen den zugehörigen **Halbwerts-**
zeiten proportional und zeitlich konstant, gleichbedeutend mit identischen
Aktivitäten aller Tochterisotope.

Geochemische und geophysikalische Prozesse (z.B. Verwitterung oder Sedimentation) stören das **radioaktive Gleichgewicht** und führen zu An- und Ab-
reicherungen von Mutter- oder Tochterisotopen, also zu radioaktiven Un-
gleichgewichten. In vielen Systemen wie z.B. Höhlensinter ist die Trennung
der Mutter- und Tochterisotope am Anfang vollständig. Solange radioaktives
Gleichgewicht **angestrebt** wird, ist das Tochter-/Mutterisotopen-Aktivitäts-
verhältnis ein Maß für das Alter (Fig. 10) bzw. die Zeitpanne, die seit

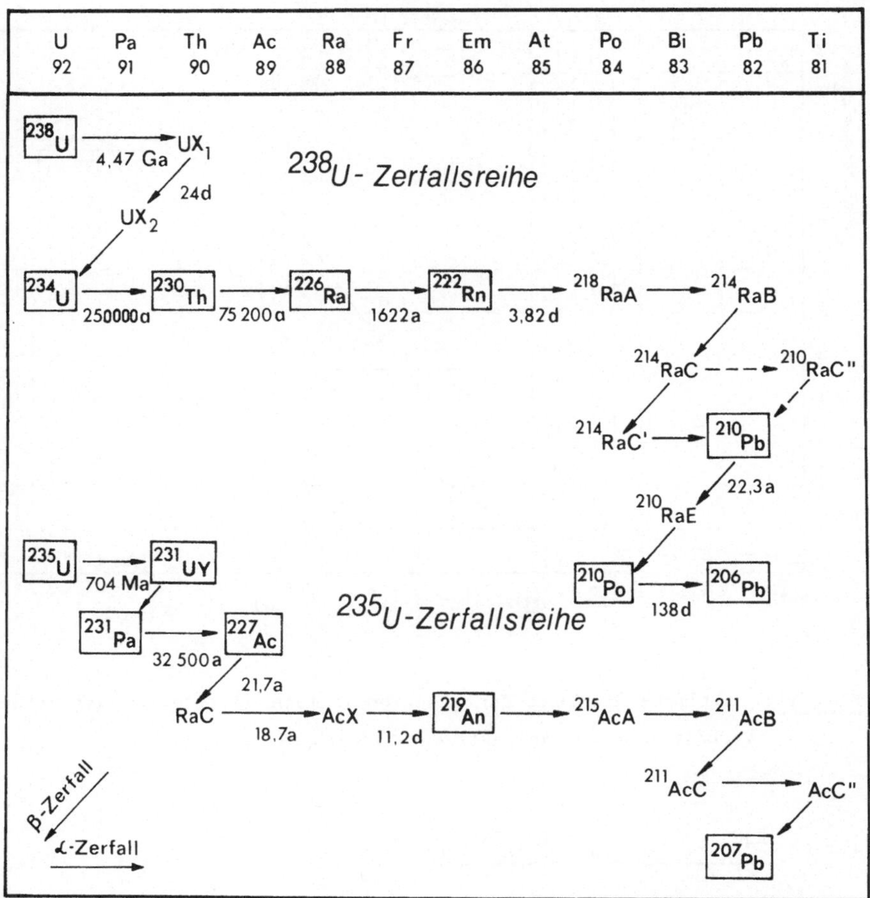

Fig. 10: Radioaktive Zerfallsreihen des Uran-238 und Uran-235.

der Störung des Systems vergangen ist (IVANOVICH & HARMON 1982). Die zeitliche Änderung der Tochter- (Z_T) gegenüber der Mutterisotopen-Aktivität Z_M im radioaktiven Ungleichgewicht beschreibt Gl. 7 (Kap. 2.2).

Die langlebigen Töchter der Zerfallsreihen bieten mehrere **geochronolo**gisch interessante Möglichkeiten der Datierung. Aus ihnen wurden die ^{230}Th-, ^{230}Th/^{234}U-, ^{231}Pa/^{235}U-, und ^{234}U/^{238}U-Methoden entwickelt. Alle bauen auf den geochemischen Unterschieden des Urans und Thoriums auf. Uran bildet chemische Komplexe, die leicht wasserlöslich sind, Thorium fällt schnell, an Ton gebunden, aus.

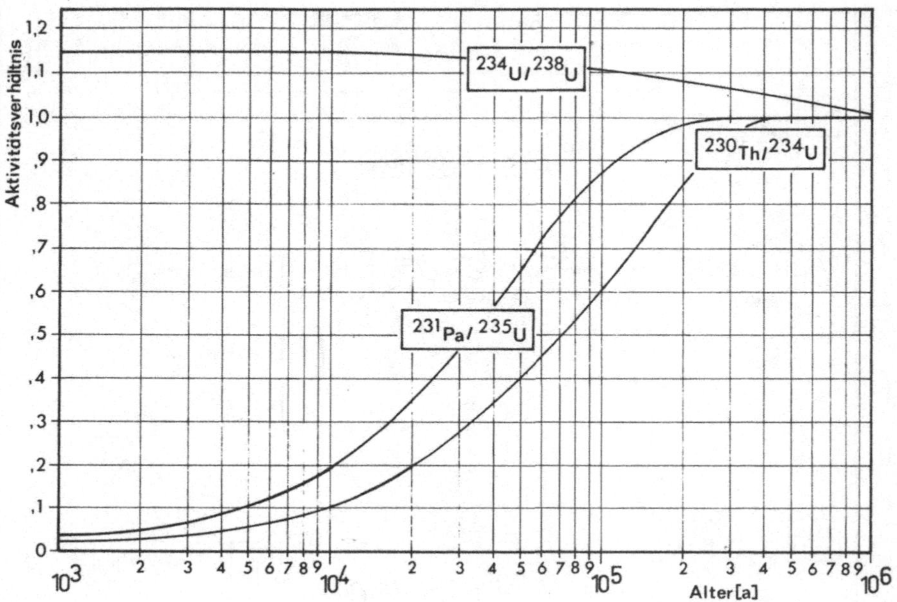

<u>Fig. 11</u>: Zeitliche Änderung der **geochronologisch** wichtigsten Aktivitäts-
verhältnisse im radioaktiven Ungleichgewicht.

4.3.1   <u>^{230}Th/^{234}U- und ^{231}Pa/^{235}U-Methode</u>

Die geochemisch ähnlichen Elemente Thorium und Protaktinium sind im Vergleich zum Uran in Wässern nahezu unlöslich. Deshalb enthalten Korallen,
Foraminiferen, Mollusken, Ooide und Oolithe und Sekundärkalke wie Höhlensinter und Travertin anfangs nur Uran-Isotope. Auf dem Weg zum radioaktiven Gleichgewicht wächst aus ^{234}U, das eine Halbwertszeit von 248 000
Jahren hat, ^{230}Th (Ionium) nach. Aus dem selteneren ^{235}U entsteht etwas schneller ^{231}Pa mit einer Halbwertszeit von 32 500 Jahren.

Im Gegensatz zu den genannten Proben, die meist geschlossene Systeme dar-
stellen, gibt es offene, repräsentiert durch Knochen, Zähne und Mollusken,
die normalerweise Uran im Boden aufnehmen. Dadurch entsteht eine größere
Datierungsunsicherheit, die bei Uran-reichen Proben durch die gleichzei-

tige Anwendung beider Methoden überwindbar sein soll (HILLE 1979; BISCHOFF & ROSENBAUER 1981; IVANOVICH & HARMON 1982). Dies, obwohl die mit der $^{231}Pa/^{235}U$-Methode ermittelten **radiometrischen Alter** immer etwas ungenauer sind als die mit der $^{230}Th/^{234}U$-Methode erhaltenen, weil die Häufigkeit des ^{235}U in der Natur relativ klein ist.

Bei Uran-armen Substanzen wie Travertin und Höhlensinter verwendet man große Proben von einigen 100 g, ein Hundertstel reicht bei marinen Karbonaten aus, in denen Uran biologisch **angereichert** ist. Umkristallisierte oder verwitterte Proben können Uran verloren haben, was sich an niedrigen $^{234}U/^{238}U$-Verhältnissen zeigt.

Fehler entstehen, wenn im Travertin oder Höhlensinter **allochthones, detrisches** Thorium-230 enthalten ist, das im Ton vorkommt. Im jüngeren Datierungsbereich werden dann um einige Jahrtausende zu große Alter erhalten (GEYH & FRANKE 1981), sofern die über das ^{232}Th üblichen Korrekturen nicht "greifen". Diese basieren auf der Annahme, daß die Thorium-Kontamination mit einem bestimmten $^{230}Th/^{232}Th$-Verhältnis erfolgt. Weitergehende Versuche zielen auf die Ermittlung von Isochronen durch Untersuchung mehrerer Proben (SCHWARCZ 1980) hin.

4.3.2 ^{230}Th- (Ionium-) Methode

Diese Methode basiert auf der schnellen Ausfällung des Thoriums aus dem Meerwasser und seine Einlagerung in **pelagische** Sedimente. Der gegenüber ^{234}U und ^{238}U entstehende ^{230}Th-Überschuß führt zu einem **radioaktiven Ungleichgewicht**, der sich durch **Zerfall** abbaut. Bei gleichmäßiger Sedimentationsrate und konstantem, über das ^{232}Th kontrollierbarem Thorium-Eintrag, liefert die ^{230}Th-Aktivität nach Gl. 3 das Sedimentalter.

4.3.3 $^{234}U/^{238}U$-Methode

^{234}U ist im **Kristallgitter** der Gesteine weniger fest gebunden als ^{238}U und wird deswegen leichter im Wasser gelöst. Es entsteht ein **radioaktives**

Ungleichgewicht, das im Ozeanwasser zu einem mittleren **Aktivitätsverhält-**
nis des $^{234}U/^{238}U$ von 1,15 führt. Im Grundwasser unterscheidet es sich
von Fall zu Fall und ist oft größer.

Der Abbau des überhöhten Aktivitätsverhältnisses gestattet an marinen Kal-
ken grobe **Altersbestimmungen** bis zu einer Million Jahre. Bei limnischen
Sedimenten stört die Unkenntnis des genauen Anfangsaktivitätsverhältnis-
ses. Grundwasserdatierungen sind wegen chemischer Umsetzungen mit dem
Aquifergestein erschwert (OSMOND & COWART 1976; BARR et al. 1979; ANDREWS
et al. 1982; PEARSON et al. 1983).

4.4   Altersbestimmung aufgrund von Strahlenschädigungen

Bei der Wechselwirkung ionisierender Strahlung (Alpha-, Beta- und Gamma-)
mit Materie entstehen Strahlenschädigungen, die sich in geänderten physikalischen Eigenschaften äußern. Diese sind zum Teil viele 100 000 Jahre
stabil und nehmen mit dem **Alter** im weiten Bereich quasi linear zu. Die
Schnelligkeit, mit der Strahlenschädigungen entstehen, hängt von der Substanz sowie der internen und externen Dosisrate ab. Bei hohen Altern bzw.
großen Dosisraten treten Sättigungserscheinungen auf. Für die Altersbestimmung werden Techniken gewählt, mit denen die Zahl der **radiogenen Fehlstellen** im Feststoffgitter oder in organischen Radikalen (IKEYA & MIKI
1980a) bestimmt werden können.

4.4.1   Thermolumineszenz- (TL-) Methode

Die **Thermolumineszenz**-Methode (McDOUGALL 1968; CAIRNS 1976; WINTLE 1978;
AITKEN & MEJDAHL 1978/1979; COOK et al. 1982) hat sich für auf $\pm$ 5 % genaue Altersbestimmungen an Scherben, gebrannten Tonen (Quarz- und Feld-
spat-Extrakte), ausgeglühten Böden und Steinen sowie Schlacken mit Altern
bis 15 000 Jahre bewährt. Geologische Proben sind nicht oder nur auf
$\pm$ 25 % genau datierbar. Dafür werden größere **Datierungsbereiche** überdeckt. Gut eignet sich Quarz, der wie verkieselte Fossilien und vulkanische Gesteinsgläser in **pelagischen** Sedimenten vorkommt und bis mindestens

300 000 Jahre alt sein darf (HUNTLEY & JOHNSON 1976). Travertin, Höhlensinter, Löss und Lava (Plagioklas-Extrakt) sollen bis 10^6 Jahre (WINTLE & HUNTLEY 1982), magmatische Gesteine möglicherweise bis 10^9 Jahre datierbar sein. TL-Analysen gestatten nicht in jedem Fall Altersbestimmungen, liefern aber immer **stratigraphisch** verwertbare Angaben. Umstritten ist, ob sich **terrestrische** Alter von Meteoriten mit der TL-Methode (MELCHER 1981; McKEEVER 1982) bestimmen lassen.

Die Bedeutung der TL-Methode liegt in der direkten Datierung von Scherben, auf deren Typenvielfalt die meisten kulturgeschichtlichen Klassifikationen aufbauen. ^{14}C-Datierungen (Kap. 4.1.1) sind hingegen nur an Begleitfunden (Holzkohle, Speisereste) möglich, die nicht zwangsläufig gleich alt zu sein brauchen.

TL-Datierungen setzen voraus, daß die Proben zu Beginn ihrer Alterung (Entstehung oder letzte Erwärmung auf über 450-650 $^\circ$C) ohne TL-Energie waren. Diese Bedingung ist für Scherben, gebrannte Tone und Gläser erfüllt, weil die **Strahlenschädigung**en bei den hohen Brenn- und Schmelztemperaturen ausheilen. Junger Sinter oder Verkieselungen in Ozeansedimenten (HUNTLE & JOHNSON 1976) sollen anfangs ebenfalls ohne Schädigungen sein, was aber nicht immer der Fall ist. Äolische Sedimente (speziell Löss) verlieren primäre TL-Energie nach der Ablagerung während der Verwitterung durch das Sonnenlicht (WINTLE & HUNTLEY 1982; WINTLE 1982), Magma- und Kontaktgesteine bei der letzten Erhitzung (Abkühlalter).

Strahlenschädigungen entstehen durch interne und externe (aus der Umgebung) **radioaktive Strahlung** des Urans, Thoriums, deren Zerfallsglieder und Kalium. Sie sind bei Umgebungstemperatur in vielen Substanzen stabil, gehen aber bei Energiezufuhr (Erwärmung, UV-Bestrahlung) unter Lichtemission in den energetischen Grundzustand über. Wenn die Strahlenschädigungen instabil sind, ist keine Altersbestimmung möglich. Man spricht von "thermical fading". Übersteigt die gespeicherte Strahlendosis eine **Sättigungs**grenze, die z.B. für Kalzit bei 100 000 **rad** liegt, nimmt die Dichte der Strahlenschädigungen nicht mehr linear zu und bleibt konstant. Dann ist das äußere Ende des **Datierungsbereichs** erreicht.

Zur Altersbestimmung sind zwei Größen zu ermitteln:

- die Äquivalenz-Dosis AD (archäologische oder totale Dosis TD), die während der Alterung absorbiert worden ist, und die
- Dosisrate D_r, die extern von der Umgebung und intern von der Eigenaktivtität der Probe aus gewirkt hat.

Das Alter ergibt sich aus Gl. 9 (Kap. 2.2).

TL-Analysen beginnen in vielen Fällen mit der Abtrennung reiner Mineralfraktionen (Quarz, Feldspat verschiedener Korngrößen zwischen 0,1-0,5 mm) aus einigen Gramm Probe. Zur Bestimmung von AD werden Aliquots des erhaltenen Präparats gestaffelt mit bekannten Dosen bestrahlt (additive Bestrahlung) und künstlich ein zukünftiger Zustand hergestellt. Danach werden die Glühkurven (Fig. 12a) durch Messung der Lichtmenge aufgenommen, die bei gleichmäßiger Aufheizung unter Schutzgas bis maximal 400 ^{o}C emittiert wird. Die von den höheren Temperatur-Peaks begrenzten Flächen der erhaltenen Glühkurven sind der TL-Emission und damit der Dosis proportional. Die gesuchte Äquivalenzdosis ergibt sich aus dem Schnittpunkt der X-Achse mit der Geraden, die beim Auftrag der TL-Emissionen über den zugehörigen Dosen entsteht (Fig. 12b). Mögliche Nichtlinearitäten werden berücksichtigt.

Der externe Anteil von D_r wird mit $CaSO_4$ (Tm)-Thermolumineszenz-Dosimetern am Fundort der Probe gemessen oder ungenauer, wie die interne, aus den U-/Th- und K-Gehalten der Bodenprobe abgeschätzt. Bei jungen Probeń unter 300 000 Jahre Alter ist zu berücksichtigen, daß das radioaktive Gleichgewicht noch nicht erreicht war. Die Ergebnisse sind falsch, wenn Uran- oder Thorium ab- oder zugewandert ist (HILLE 1979; IKEYA 1982). Verfahrensvarianten der TL-Datierung von Tonen beziehen sich auf die Äquivalenzdosen der Alpha-, Beta-, Gamma- oder Gesamtstrahlung und schalten störende Umwelteinflüsse wie z.B. Radonverluste und Feuchtigkeitsschwankungen am Fundort aus (Quarz-Einschluß-, Feinkorn-, Subtraktions- und Zirkonverfahren).

Von den genannten methodischen Aspekten unberührt bleibt das bei allen

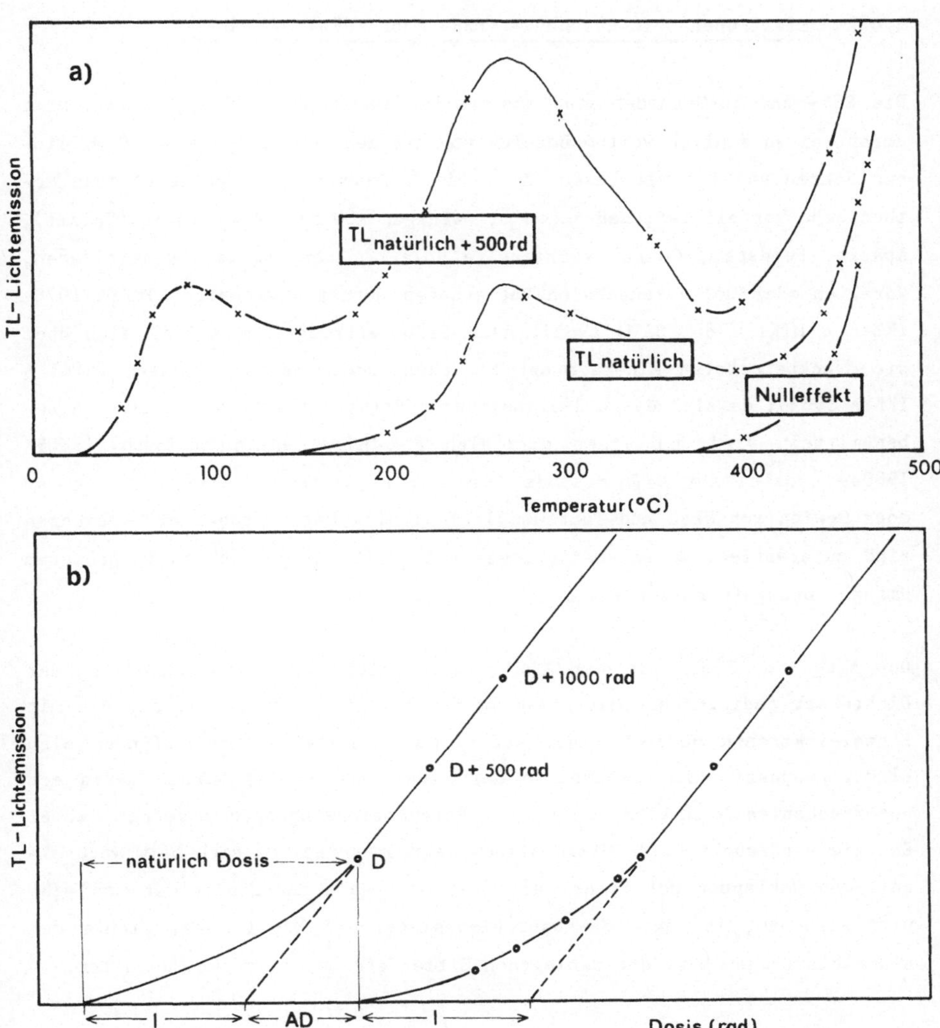

Fig. 12: a) Glühkurven einer unbestrahlten und einer bestrahlten Probe.

b) Bestimmung der Äquivalenzdosis AD und der Nichtlinearitäts-Korrekturgröße I nach gestaffeler, erneuter Bestrahlung.

Datierungsmethoden bestehende Problem, manchmal mit **diagenetisch** veränderten oder umgelagerten Proben arbeiten zu müssen. Ein Beispiel sind äolische Sedimente, bei denen z.B. noch nicht ganz vestanden wird, wie die primäre TL-Energie verschwindet (WINTLE 1982).

4.4.2   Elektronen-Spin-Resonanz- (ESR- oder EPR-) Methode

Die ESR- und TL-Methoden sind analoge Verfahren. Die ESR-Altersbestimmung umfaßt einen ähnlich weiten Bereich von einigen 100 bis zu etwa 10 Millionen Jahren und ist mit besser als $\pm$ 15 % genauer. Der entscheidende methodische Vorteil ist, daß schon mit wenigen 100 mg Höhlensinter (Kalzit), Apatit, Feldspat, Quarz, verkieselte Hölzer, Zahnschmelz, Foraminiferen, Korallen oder Molluskenschalen Datierungen durchführbar sind (IKEYA 1978; IKEYA & MIKI 1980; SATO 1981). Auch Erdbebenereignisse sollen sich über die druckbelasteten Minerale der Stauchungszonen datieren lassen (MIKI & IKEYA 1982), da sich das ESR-Signal unter Stress abbaut. Das Alter von Lebensmitteln wird mit einem digitalen ESR-Meßverfahren bestimmt (IKEYA 1980a). Analog zur U/Th-Methode (Kap. 4.3) entstehen Fehler bei Verlust oder Gewinn von Uran und Thorium (IKEYA 1981). Methodische Verbesserungen sind zu erwarten, da ESR-Datierungen erst seit einigen Jahren in größerem Umfang durchgeführt werden.

Das Alter der Probe ist dem Gehalt **radioaktiver** Verunreinigungen und der Dichte der **radiogenen Fehlstellen** im **Kristallgitter** proportional, die mit **Einzelelektronen** besetzt sind. Auf normalen Gitterplätzen befinden sich Elektronenpaare. Die Drehimpulse der Elektronen (Spin) werden durch ein hochfrequentes Wechselmagnetfeld zu **Resonanzschwingungen** angeregt, wobei Energie verbraucht wird (Mikrowellen-Spektrometrie). Da sich beim wechselseitigen Umklappen der Spins der Elektronenpaare Energieverlust und -gewinn aufheben, ist das ESR-Absorptionssignal ein Maß für die Dichte der Einzelelektronen bzw. der radiogenen Gitterdefekte, also für das Alter.

Die analytische Abfolge der Altersbestimmung gleicht der der TL-Methode (Kap. 4.4.1; Fig. 12b). Nichtlinearitätskorrekturen sind nicht notwendig. **ESR-Spektrometer** sind teurer als TL-Apparaturen, gestatten aber auch Analysen an nicht-transparenten, jungen und Uran-armen Proben. Die Messungen sind beliebig oft wiederholbar und benötigen weniger Zeit.

Die physikostratigraphischen Datierungsmethoden stützen sich auf global verfolgbare Zeitmarken, die sich in spezifischen Stoffeigenschaften äußern. Beispiele sind die klima-abhängigen Änderungen der Häufigkeitsverhältnisse der stabilen Sauerstoff- und Wasserstoffisotope, Variationen der paläomagnetischen Remanenz magmatischer Gesteine und von Sedimenten sowie das zeitlich definierte Einsetzen anthropogener Verunreinigungen.

4.5.1   Paläomagnetische Datierung

Die paläomagnetische Datierung von eisenhaltigen Sediment- und Magmagesteinen mit Altern bis zu einigen Millionen Jahren ist heute Routine. Die Alter rechnen von dem Zeitpunkt an, als das erhitzte Gestein zum letzten Mal die Curietemperatur unterschritten hat oder die Metamorphose, Dehydrierung bzw. Sedimentation beendet waren. Die Datierungsgenauigkeit erreicht ± 2 %. Voraussetzung sind Messungen an richtungs-orientiert entnommenen Bohrkernen. Scherben und gebrannter Ton mit Altern bis 50 000 Jahren sind auf ± 20-200 Jahre genau datierbar.

Eisenhaltige Gesteinsschmelzen erhalten während der Erstarrung eine remanente Magnetisierung, die der Stärke des herrschenden erdmagnetischen Feldes proportional ist und in dieselbe Richtung weist. Im Quartär hat sich das Erdmagnetfeld mehrere Male, in unregelmäßigen Abständen umgepolt und weltweit meßbare Zeitmarken hinterlassen (HEIRTZLER et al. 1968; COX 1975; OLAUSSON & SVESENIUS 1975; DENHAM et al. 1977; PUCHER 1977). Die für das Quartär wichtigste ist die BRUHNES-MATUYAMA-Umkehr um 700 000 Jahre v.h. (Fig. 13). Paläomagnetische Meßergebnisse alter Bohrkerne lassen sich damit zeitlich einordnen.

Paläomagnetische Datierungen bis maximal 50 000 Jahre basieren auf der Säkularvariation des erdmagnetischen Dipolmoments, die durch die Westwärtsdrift der überlagernden Nichtdipol-Komponente entsteht (CREER 1981; THOMPSON 1983). Die für einzelne Orte ermittelten Kurven des erdmagnetischen Moments, der Inklination und der Deklination umfassen z.T. viele Jahrtausende und sind durch Umrechnung auf andere Orte übertragbar (BUCHA 1970).

Die thermoremanente Magnetisierung ist an möglichst vielen Proben desselben Fundorts zu bestimmen. Für die Messung werden die Proben in Würfel von einigen Zentimetern Kantenlänge geschnitten, "magnetisch gereinigt" und mit Spinner oder astatischen Magnetometern in mehreren Richtungen zweimal gemessen, vor und nach Erhitzung und Abkühlung der Proben.

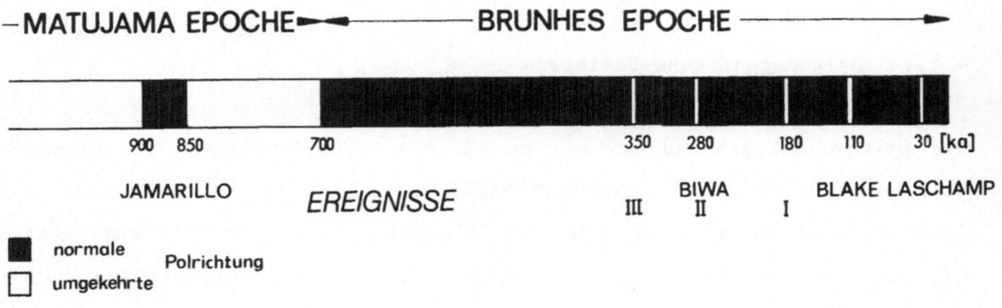

Fig. 13: Mit K/Ar-Daten kalibrierte paläomagnetische Referenzkurve der Polumkehrungen (schwarz) innerhalb der BRUNHES-Epoche (COX 1975).

4.5.2 Häufigkeitsverhältnis der stabilen Sauerstoff-Isotope als Zeitskala

Die Datierung mit Hilfe der Häufigkeitsverhältnisse der stabilen Sauerstoff-Isotope ^{16}O und ^{18}O ist für Foraminiferen (ca. 0,1 g) und Koprolithe entlang quartärer pelagischer Sedimenteprofile eine gängige Methode (SHACKLETON & OPDYKE 1973; EMILIANI & SHACKLETON 1974; SARNTHEIN 1980; SHACKLETON 1982). Paläoklimatisch wichtige Anwendungsmöglichkeiten bietet die Datierung nicht-temperierten Gletschereises bis zu Altern von 1000 Jahren und für Kontinentaleis unter Modellannahmen bis zu einer Million Jahre (DANSGAARD 1969). Holozäne und pleistozäne Grundwässer (BATH et al. 1979) und Höhlensinter (GASCOYNE 1981; HARMON & SCHWARCZ 1981) sind aufgrund der $\delta^{18}O$- bzw. δD-Werte unterscheidbar.

Die Grundlage dieser Methode ist die Temperaturabhängigkeit des Häufigkeitsverhältnisses der Sauerstoff-Isotope in den Niederschlägen (MOSER &

Die Grundlage dieser Methode ist die Temperaturabhängigkeit des Häufigkeitsverhältnisses der Sauerstoff-Isotope in den Niederschlägen (MOSER &
RAUERT 1980; GAT & GONFIANTINI 1981). Entscheidend ist der Dampfdruckun-
terschied der verschieden schweren Wassermoleküle $H_2^{16}O$ und $H_2^{18}O$,
der bei Phasenübergängen (Verdampfung, Kondensation, Sublimation) Isotopen-Fraktionierungen zur Folge hat. Die leichten Moleküle reichern sich in
der Gasphase an, die schweren in der flüssigen oder festen. Der jahreszeitliche $\delta^{18}O$-Gang der Niederschläge (DANSGAARD 1964) ist ein Beispiel.
Für Mitteleuropa gilt in guter Näherung

<u>Gleichung 19:</u> $\delta^{18}O_{Regen} = 0,7\ T - 13,6\ \text{\textperthousand}$

Der $\delta^{18}O$-Wert ist analog zum $\delta^{13}C$-Wert (Gl. 12) definiert. Als Standard wird für Wasserproben "SMOW" (Standard Mean Ocean Water) und bei Karbonaten "PDB" (Belemnit der Pee-Dee- Formation in den USA) benutzt. Die
Meßgenauigkeit erreicht $\pm$ 0,05 °/oo.

Eine leicht verfolgbare Zeitmarke liefert der Temperaturanstieg an der
Grenze Pleistozän/Holozän, der sich in einem $\delta^{18}O$-Unterschied mitteleu-
ropäischer Grundwässer (ca. 1,2 °/oo) und mariner Karbonate zeigt. Er
ist auch in den Wasserstoff-Isotopenhäufigkeiten des Porenwassers von Höhlensinter nachweisbar (GASCOYNE 1981; HARMON & SCHWARCZ 1981).

Im Gletscher- und Kontinentaleis werden die jahreszeitlich variierenden
$\delta^{18}O$-Werte "eingefroren" und lassen sich als Jahresschichten bis zu 1000
Jahren "zählen". Allerdings kann perkulierendes Schmelzwasser in nicht-
temperiertem Eis die Zeitinformation verschwinden (SCHOTTERER et al. 1977)
lassen. Sehr altes Kontinentaleis zeigt vor allem wegen Ausdünnung unter
Auflast keine Jahresschichtung mehr. Der Wechsel von Kalt- zu Warmzeiten
bleibt aber immer an drastisch geänderten $\delta^{18}O$-Werten zu erkennen und
liefert eine sichere Zeitmarke, die über das Fließverhalten des Eises
durch Modellbetrachtungen in absolute Alters umsetzbar ist (JOHNSEN et al.
1972).

Die $\delta^{18}O$-Werte von Foraminiferen und Koprolithen pelagischer Sedimente
(Fig. 14) und vom Ozeanwasser folgen gleichermaßen den säkularen klimati-

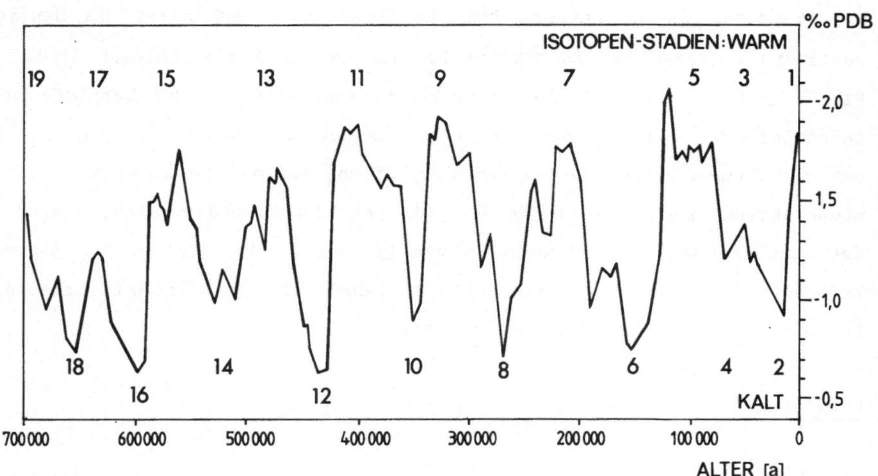

Fig. 14: $\delta^{18}O$-Standardkurve äquatorialer Tiefseesedimente nach SHACKLE-
TON & OPDYKE (1973).

schen Schwankungen, die von der Temperatur T und dem Anteil isotopisch
leichten Schmelzwassers des Kontinentaleises der Polkappen moduliert werden (DANSGAARD & TAUBER 1969). Es gilt annähernd

Gleichung 20: $T = 16,5 - 4,3\ (\delta^{18}O_{For.} - \delta^{18}O_{Meer}) + 0,14\ (\delta^{18}O_{For.} - \delta^{18}O_{Meer})^2$

Danach sind immerhin 70 % der säkularen Änderungen der $\delta^{18}O$-Werte auf
Variationen des Schmelzwasseranteils zurückzuführen. Der $\delta^{18}O$-Verlauf
mariner Sedimentkerne ist folglich eher als Paläoglazial- denn als Paläo-
temperaturkurve zu deuten. Die Transformation der $\delta^{18}O$-Werte in Tempera-
turen wird auch dadurch kompliziert, daß sich das süße Schmelzwasser nur
langsam mit dem Ozeanwasser mischt und längere Zeit als kühle Schicht auf-
liegen kann (BERGER et al. 1977).

Die im Trend weltweit gültige $\delta^{18}O$-Standard-Kurve mariner Karbonate
(SHACKLETON & OPDYKE 1973; Fig. 14) zeigt steile Sprünge, die paläomagnetisch (Kap. 4.5.1) und mit U/Th (Kap. 4.3) datiert sind und als Zeitmarken
dienen. Marine Sedimente haben gegenüber anderen den Vorteil, das sie während des gesamten Quartärs, auch während der Eiszeiten abgelagert worden
sind. Altersbestimmungen werden an nicht umkristallisierten Foraminiferen

durchgeführt, die aus Kernen zu extrahieren sind, die keine Anzeichen von Bioturbation oder "turbity currents" haben. Innerhalb der BRUNHES-Epoche (Kap. 4.5.1) sind etwa doppelt so viele Glazialzeiten zu erkennen (Fig. 14), als nach der klassischen Quartärgeologie existieren sollen. Das Eem könnte im Peak 5e manifestiert sein.

Die δ^{18}O-Werte von Höhlensinter liefern selten gute Zeitmarken, weil die paläoklimatischen Effekte durch kinetische Isotopen-Fraktionierungen häufig überprägt sind (FANDITIS & EHHALT 1970). Kontrovers beurteilt wird die Frage, ob Isotopenänderungen in Holzringen klimatischen Zeitmarken entsprechen (TANS et al. 1978; HUGHES et al. 1982). Limnische Sedimente zeigen nur an den Übergängen von Glazial zum Interglazial deutliche Isotopenhäufigkeitsänderungen (EICHER et al. 1981), weil biologische Fraktionierungen die Temperatur-bedingten überdecken.

4.5.3   Zeitmarken anthropogener Verunreinigungen

Die Methode eignet sich für See- und Ozeansedimente, nicht-temperiertes Eis und Grundwasser. Die älteste Zeitmarkierung bilden Rußteilchen vom Beginn des Industriezeitalters (ERLENKEUSER et al. 1974). Zwischen Anfang der Fünfziger bis Mitte der Sechziger Jahre erzeugten Kernwaffen-Explosionen radioaktiven fall-out, der in Sedimenten jahresspezifisch abgelagert wurde (DELAUNE et al. 1978; DOMINIK et al. 1978; HARDY et al. 1980). Darüberhinaus haben anthropogenes ^{14}C und ^{3}H die Atmosphäre und Hydrosphäre markiert (Kap. 4.1.1 & 4.1.2). Die extrem hohen ^{3}H- und ^{14}C-Pegel in den Niederschlägen bzw. dem CO_2 der Jahre 1963/1964 werden in der ungesättigten Zone zur Ermittlung der Grundwasserneubildungsrate lokalisiert (Fig. 2) bzw. zur Abschätzung der mittleren Verweilzeit von Karstwasser (GEYH et al. 1982a) und vom Kohlendioxid in verschiedenen Reservoiren (OESCHGER et al. 1975) verwendet. Außerdem wurden damit die Angaben der Jahrgänge von Weinen und Whisky überprüft (WALTON et al. 1967) und ethnologische Studien angestellt (TAMERS 1969).

Seit Anfang der Fünfziger Jahre nimmt der ^{85}Kr-Gehalt in der Atmosphäre durch Emissionen der Kernkraftindustrie zu und eröffnet neue Möglichkeiten zur Datierung sehr junger Grundwässer (ROZANSKI & FLORKOWSKI 1979) und bei ozeanographischen Studien (WEISS et al. 1983). In Zukunft werden ungewollte Markierungen durch schwer zersetzliche Industriechemikalien (Pestizide, Konservierungsmittel, halogen-organische Verbindungen) als unbestechliche Zeitmarken an Bedeutung gewinnen. Heute schon wird die Versalzung der Flüsse durch die Ablaugen der Kaliindustrie zur Altersbestimmung eingesetzt (ORTLAM 1983).

4.6   Chemische Datierungsmethoden

Die chemische Altersbestimmung geht von zeitlich konstanten Reaktionsgeschwindigkeiten aus. Aus den Gehalten bestimmter Komponenten der Anfangs- und Endphase werden Alter abgeschätzt. Hauptproblem ist, daß alle chemischen Reaktionen von der Temperatur und Umweltfaktoren (pH, eH, Feuchtigkeit) abhängen, so daß lokal gültige, chemische Zeitskalen durch zuverlässige Zeitangaben anderer Methoden gestützt werden müssen.

4.6.1   Aminosäure-Razemisierungs-Methode

Diese Methode wird routinemäßig zur Datierung von (auch konservierten) Knochen (einige Gramm) eingesetzt, die einige 100 bis zu vielen 100 000 Jahren alt sein können (BADA et al. 1979; 1979a). Mit lokal kalibrierten Zeitskalen sind Altersbestimmungen auf ± 50 Jahre genau möglich. Foraminiferen und Koprolithen aus pelagischen Sedimenten sowie Korallen (einige Gramm) sollen bis 500 000 Jahre recht zuverlässig datierbar sein (BADA et al. 1978), weil sich die Temperatur der Tiefsee während des Quartärs weniger stark als an der Erdoberfläche geändert hat. Muscheln liefern vielversprechende Alterswerte (MASTERS & BADA 1979; SZABO et al. 1981; WEHMILLER 1982). Das Lebensalter rezenter Säugetiere läßt sich am Razemisierungsgrad des Zahnschmelzes bestimmen (BADA & SCHROEDER 1975).

Die Aminosäure-Methode nutzt die Razemisierung der natürlichen Aminosäuren (z.B. Asparaginsäure, Alanin, Leuzin, Prolin, Hydroxyprolin, Isoleuzin) aus, die sich nur in ihren Molekülresten unterscheiden. Rezente, natürli-

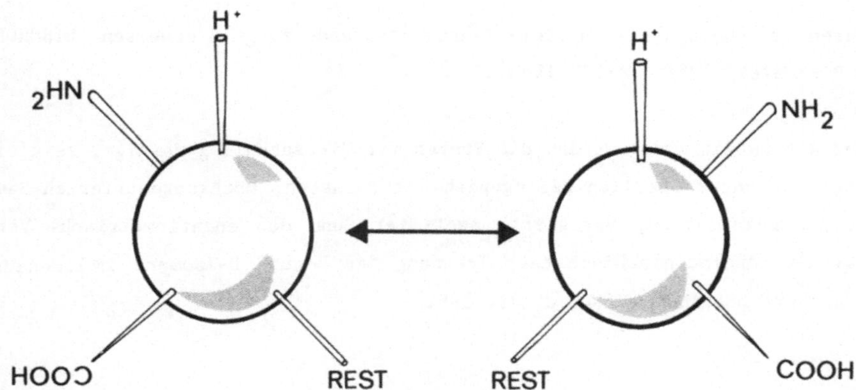

Fig. 15: Molekülaufbau von L- und D-Isomeren.

che Aminosäuren sind **L-Isomere**, die optisch aktiv sind. Sie ändern - razemisieren - im Laufe der Zeit ihre asymmetrische Molekülachse und werden zu D-Isomeren, die sich umgekehrt wieder in L-Isomere verwandeln (Fig. 15). Gleichzeitig ändert sich die optische Drehrichtung. Nach längerer Zeit wird ein Razemat erhalten, dessen optische Aktivität Null ist bzw. dessen **enantiometrisches** Verhältnis aus L- zu D-Isomeren von 0 auf 1 zugenommen hat. Die optische Aktivität einer Aminosäure ist daher ein direktes Maß für den Razemisierungsgrad, also auch für das Alter.

Die Geschwindigkeit der Razemisierung hängt von der Art der Aminosäure, der Temperatur und der chemischen Konfiguration des Probenmaterials ab. Sie ist z.B. bei 0 °C etwa 100mal kleiner als bei 25 °C, oder eine Temperaturunsicherheit von 1 % kann Datierungsfehler von 20 % verursachen. Aus diesem Grunde muß die sog. **Razemisierungs-Halbwertszeit** für jeden Ort neu ermittelt werden. Sie ist als die Zeit definiert, in der die Hälfte der vorhandenen L-Aminosäure in die D-Form übergeht und umgekehrt. Die Razemisierungs-Halbwertszeit beträgt bei Umgebungstemperatur z.B. für die Asparaginsäure rund 3000 Jahre, für Alanin aber 12 000 Jahre.

Abgesehen von den fundortspezifischen Schwierigkeiten ist noch ungeklärt, inwieweit Verwitterung, der Einbau von Metall-Ionen, der Wassergehalt u.a. die Altersangaben verfälschen. Immerhin ist erwiesen, daß noch mehrere, unbekannte Fehlerquellen existieren, da sich immer wieder Razemisierungs-

Daten von Knochen als um viele Jahrzehntausende zu groß erweisen (BISCHOFF
& ROSENBAUER 1981; TAYLOR 1983).

Zur Altersbestimmung werden die Proben mit Ultraschall gereinigt, zerklei-
nert und unter sterilen Bedingungen mit reinsten, hochkonzentrierten Säuren aufgeschlossen, verestert, azetyliert und das enantiometrische Verhältnis chromatographisch nach Trennung der L- und D-Isomere im Ionenaus-
tauscher bestimmt (HILLE et al. 1981).

4.6.2   Obsidian- (Hydratations-) Methode

Die **Alter** von häufig in Massen auftretenden Obsidianwerkzeugen können mit
geringen Kosten bis etwa 250 000 Jahre und einer Genauigkeit von $\pm$ 200-
500 Jahren aufgrund der **Hydratation** bestimmt werden. Eine zeitliche **Kalibration** der lokal-gültigen Hydratations-Zeitskala ist unerläßlich. Kiesel-
säure-reiche vulkanische Laven und Schlacken sowie basaltische Gläser aus
Tiefseesedimenten sind bis $20 \cdot 10^6$ Jahre (Genauigkeit ca. $\pm$ 10 %) datierbar (MICHELS 1967; LANDFORD 1977; GEYH 1980; FRIEDMAN & OBRADOVICH
1981).

Gesteinsglas absorbiert an der Oberfläche Wasser aus der Umgebung und bindet es chemisch zu **Perlit**, das einen 10fach höheren Wassergehalt hat (Hydratation). Perlit-Schichten von einigen μm Stärke sind während Jahrhunderten bis Jahrtausenden gewachsen. Perlit unterscheidet sich durch seine
Dichte und optischen Eigenschaften vom Muttergestein. Zwischen der Dicke d
und dem Alter A besteht die Beziehung

Gleichung 21: $A = \epsilon \, d^2$

Der Faktor ϵ ist von der chemischen Struktur des Obsidians, der Temperatur
und dem pH-Wert des Wassers abhängig, das auf ihn eingewirkt hat. ϵ muß
mit Hilfe andersweitig datierter Proben für jeden Fundort neu bestimmt
werden. Bei **terrestrischen** Proben ist die Datierungsgrenze durch das Ab-
platzen der Hydratationsschichten festgelegt, das spätestens bei 40-50 μm,
bei Erhitzung oder mechanischer Beanspruchung auch eher einsetzt.

Zur Datierung wird ein Dünnschliff senkrecht zur Oberfläche hergestellt, an dem die Dicke der Perlit-Schicht mit einem Polarisationsmiskroskop gemessen wird. Ein zerstörungsfreies Verfahren arbeitet mit beschleunigten Ionen (TSONG et al. 1978).

4.6.3 Knochen-Datierung aufgrund der Uran-, Fluor- und Stickstoff-Gehalte

Weniger zuverlässige Methoden verwenden zur Knochenaltersbestimmung die Ad- und Absorption von Uran bzw. Fluor oder die Zersetzungsgeschwindigkeit von Aminosäuren (OAKLEY 1963; 1980; IKEYA 1982), die über den Stickstoff-Gehalt verfolgt werden kann.

Knochen, Geweihstücke und Zähne, die ständig im Grundwasser liegen, binden Fluor, wobei sich das Hydroxylapatit in das beständigere Fluor-Apatit umwandelt, und adsorbieren Uran, die beide im Grundwasser in Spuren vorkommen. Es wird angenommen, daß die Gehalte mit dem **Alter** linear zunehmen und ggfs. Sättigung erreicht wird, die von vielen Parametern, u.a. von der Tierart, abhängt. Wegen des wechselvollen Klimas im **Quartär** ist es fraglich, ob von einer Konstanz der Uran- und Fluor-Gehalte im Grundwasser und einer ständigen Wasserbedeckung der Knochen ausgegangen werden darf. In jedem Fall sind lokale Unterschiede vorhanden, die zeitliche Kalibrierungen notwendig machen. Mehr als eine grobe Einordnung der Funde in das Untere, Mittlere oder Obere **Pleistozän** bis etwa $3 \cdot 10^6$ Jahre ist kaum möglich, sofern überdies das Ca/P-Atomverhältnis bestätigt, daß die Knochen nicht chemisch verändert worden sind (HILLE et al. 1981).

Die Analysen des Urans und Fluors sind in der Chemie Routine. Proben von wenigen Milligramm reichen aus.

Eine Modifikation der **Razemisierungs**-Methode ist die Aminosäure-Zersetzungsmethode, die Datierungen an einigen mg eiweißhaltiger Farben bis zu Altern von 2000 Jahren gestattet (DENNINGER 1971; ORTNER et al. 1972). Foraminiferen (0,1-0,5 g) sollen bis zu Altern von zwei Millionen Jahren datierbar sein (Bada et al. 1978).

Hintergrund dieser Methode ist die Abnahme der Zahl verschiedener Aminosäuren in natürlichen Eiweißen durch Zersetzung im Laufe der Alterung, so
in Farbbindemitteln von 10 auf 1 innerhalb von 2000 Jahren. In Knochen
nimmt der Prolin-Gehalt ab. Bei Foraminiferen wird die Umwandlung der
Aminosäure Threonin in Buttersäure verfolgt. Der Quotient aus beiden soll
zum Alter umgekehrt proportional sein.

Eine ältere Form dieser Methode ist die einfache Bestimmung des Kollagen-
bzw. des Stickstoff-Gehalts an einigen mg quartärer Knochensubstanz (BUCZ-
KO et al. 1978). Die angebene Datierungsgenauigkeit von $\pm$ 10 000 Jahren
ist wohl nicht realistisch, da konstante Zersetzunggeschwindigkeiten im
Quartär eine Utopie sind. Eine Verbesserung soll der gleichzeitige Einsatz
verschiedener Methoden (Fluor und Uran) bringen (EISENBARTH & HILLE 1977),
ergänzt durch lokale zeitliche Kalibrationen. Die Datierungsgrenze liegt
bei 100 000 Jahren.

Die Stickstoffbestimmungen werden einfach durch Umwandlung in Ammoniak mit
einer Kjeldahl-Apparatur durchgeführt. Eine Aktivierung des Stickstoffs
und des Fluors mit Neutronen und deren radiometrischer Bestimmung (HILLE
et al. 1981) erscheint bei den zu erwartenden ungenauen Datierungsergebnissen als zu aufwendig.

5. PRAKTISCHE HINWEISE FÜR DIE EINSENDER

Die praktischen Hinweise für die Probeneinsender betreffen alle Datierungsmethoden, den Erfordernissen der ^{14}C-Methode (Kap. 4.1.1) wird allerdings besonders Rechnung getragen.

5.1 Auswahl und Entnahme der Proben

Trotz der Verschiedenartigkeit der Datierungsmethoden und der Vielfalt datierbarer Substanzen können generelle Empfehlungen für die Auswahl, Entnahme, Lagerung und Transport von Proben (WATERBOLK 1971) gegeben werden:

- Die Proben sollen **stratigraphisch** sicher zugeordnet sein, also Ergebnisse begleitender Pollen-, Scherben- (Kap. 4.5.2) oder **Iso-topen-Untersuchungen** vorliegen,

- Fundort und Genese der Proben sollen so gut wie möglich beschrieben sein, um die labormäßige Bearbeitung der Proben optimieren zu können. Dabei ist ein enger Kontakt zum Labor nützlich. Die **Humin-säure** und die Natronlauge-unlösliche Substanz eines Bodens (Kap. 6.3) stammen z.B. oft aus völlig unterschiedlichen Zeiten. Andererseits werden am Fundort   Beobachtungen gemacht, die den Lauf der Arbeit im Labor beeinflussen, wenn sie bekannt sind.

- Die Größe der Probe ist so zu wählen, daß deren Bildungszeitraum nicht größer ist als das zu erwartende **Mutungsintervall** (Kap. 4.1.1.3). Auszählen der Jahresringe von Hölzern oder Schätzungen der Wachstumsrate von Torfen, Sinter bzw. der Sedimentationsrate sind dafür Voraussetzung. Die Probe muß groß genug sein, um **Kon-taminationen** (Kap. 4.1.1.9) beseitigen oder geeignete Fraktionen extrahieren zu können. Das **Kollagen** in Knochen macht z.B. meist nur 1 % des gesamten Probengewichts aus, ergibt aber die verläß-lichsten Daten (LONGIN 1971).

- Um die Datierungskosten klein zu halten, sind Pilotuntersuchungen angebracht, wenn die zeitlichen Vorstellungen noch nicht präzise gefaßt werden können oder die Eignung der Proben erst geprüft werden muß.

- Die Proben sollen **in situ** (und nicht mit dem Bagger unter Wasser) entnommen werden, **autochthon**, möglichst unkontaminiert, einphasig gelagert und ohne spätere **Bioturbation** sein. Nach der Entnahme sind die Behälter sofort zu beschriften, um Vertauschungen zu vermeiden. Papierzettel sind zu vermeiden. Die Wahl der Entnahmein-strumente spielt meist keine Rolle. Nur bei **paläomagnetisch** (Kap. 4.5.1) zu datierenden Proben soll auf Eisenwerkzeuge verzichtet werden. Ungeeignete Bohrgeräte (z.B. Linnemann-Bohrer) verhindern eine **stratigraphisch** gesicherte Probenahme. Empfohlen werden

Stechbohrgeräte (MERKT & STREIF 1970).

- Zur Datierung wichtiger Funde sind mindestens zwei, mit guter
  Absicherung bis zu sechs Proben zu untersuchen (NYDAL 1981).

5.2   Behandlung, Verpackung, Lagerung und Versand der Proben

Organische Proben für z.B. ^{14}C-Altersbestimmungen (Kap.4.1.1) (Holz,
Torf, Mudde) sind unbehandelt zu belassen, soweit nicht rezente Wurzeln
oder Insekten zu entfernen oder organische Substanzen anzureichern sind.
Darauf muß aber im Antrag hingewiesen werden, um ggfs. noch Reste im Labor
abzutrennen. Jede Art von Konservierung mit Fremdsubstanzen hat zu unter-
bleiben. Dazu gehört auch Tränken oder Kleben. Trockung der Proben ist nie
falsch, bei Karbonaten ist sie zwingend vorgeschrieben, um scheinbare Verjüngungen durch Isotopenaustausch zu unterbinden.

Proben für paläomagnetische (Kap. 4.5.1) oder Thermolumineszenz- (Kap.
4.4.1) Datierungen sind vor direkter Sonneneinstrahlung, Hitze und erstere
auch vor magnetischen Streufeldern (z.B. von Hochspannungsleitungen) zu
schützen.

Die Proben sind am Entnahmeort sorgfältig zu verpacken und zu beschriften.
Eine zweite Person sollte die Angaben und Zuordnungen überprüfen, weil
statistisch gesehen in 3 % aller Fälle Vertauschungen vorkommen.

Für die Verpackung weicher Proben werden stabile Plastiktüten empfohlen.
Die Gefahr einer Zerstörung der Umhüllung oder Verwechslung wird weitgeh-
end ausgeschlossen, wenn zwei ineinander gesteckte Tüten verwendet werden,
zwischen die ein Zettel mit dem Feldangaben (Entnahmeort, Datum, Name,
Fundtiefe) gelegt wird. Außenbeschriftungen reiben sich zu leicht ab. Die
Tüten können verschweißt oder einfach zugeklammert werden.

Metallfolie ist bei trocknen Proben geeignet, humose Substanzen zersetzen
sie. Zerbrechliche Gefäße (Gläser, leichte Plastikbecher) sind für die
Aufbewahrung, nicht aber für den Transport zu akzeptieren. Papiertüten,

Pappkartons, Zeitungen sind keine Behälter für ^{14}C-Proben, weil sie sich auflösen können und die Reste die Proben **kontaminieren**.

Gesteinsproben gehören in stabile Kisten. Das Füllmaterial darf nicht fasern wie Holzwolle, Garne und Zellstoff. Schaumstoff ist z.B. besser, um Proben retten zu können, falls ein Behälter zerstört worden ist. Bei groben Füllmaterial ist zu bedenken, daß zu klein verpackte Proben versehentlich mit weggeworfen werden können.

Die Lagerung getrockneter Proben ist i.a. unproblematisch. Tiefseekerne sind gefroren aufzubewahren (GEYH et al. 1974), um Kontaminationen durch Bakterienkulturen zu unterbinden. Wasserproben sind in dicht verschlossenen Flaschen aufzubewahren, die nur eine kleine Luftblase haben dürfen. Gut eignen sich Glasflaschen, sofern nicht Schwermetalle untersucht werden sollen, die sich aus dem Glas lösen. Wenn die Lagerzeit nicht zu lang ist, sind auch Plastikflaschen erlaubt, die sich besonders für den Transport anbieten, weil sie nicht zerbrechen.

5.3   Probenbeschreibung und Antragstellung

Von den **geochronologischen** Labors werden mehr oder minder umfangreiche Beschreibungen verlangt, um eine methodisch optimale Bearbeitung der Proben und eine den Fundgegebenheiten gerecht werdende Interpretation der Ergebnisse vornehmen zu können. Vorbereitete Antragsformulare liefern den Fragenkatalog:

- **ADRESSE** des Probeneinsenders.

- **ART** und **ZUSTAND** der Probe (frisch, durchwurzelt, verwittert, behandelt, genetischer Ursprung, zu datierende Fraktion). Die Angabe der Materialmenge oder besonderer Merkmale hilft, vertauschte Proben zu identifizieren.

- **ENTNAHMEDATUM** ist bei kurzlebigen Isotopen (z.B. **Tritium**) wegen der **Zerfalls-Korrektur** (Kap. 4.1.2) unverzichtbar.

- <u>ART der PROBENAHME</u>: Bohrung, Aufschluß, Grabung, Oberflächenfund,
  Ausbaggerung unter oder über Wasser.

- <u>FUNDKOORDINATEN</u>: Hoch- und Rechtswerte (7stellig) und Nummer der
  topographischen Karte, im Ausland reichen Grad und Minuten. Größeren Probenkomplexen sollte eine Karte mit den Entnahmepunkten bei-
  gelegt werden.

- <u>ENTNAHMETIEFE</u>: unter Gelände. Bei Grundwasser oder auf den Tidebe-
  reich bezogene Proben werden NN-Angaben empfohlen.

- <u>FUNDUMSTÄNDE</u>: gemeint sind Profilskizzen mit Angabe der Oberflä-
  chenvegetation und des Kleinklimas. Bei Grundwasserleitern ist die
  Art des Gesteins und die pedologische Situation des Einzugsgebiets
  anzugeben.

- <u>BEZIEHUNGEN zu ANDEREN PROBEN</u> der zu datierenden Serie oder zu
  schon datierten Proben, um unnötige Arbeit an methodisch unlös-
  baren Fragestellungen zu vermeiden.

- <u>ALTERSVERMUTUNGEN</u> (gestützt auf was ?) geben Hinweise über die er-
  wartete Datierungsgenauigkeit und helfen Fehler durch den "memory-
  effekt" bei der Messung zu vermeiden.

- <u>VERUNREINIGUNGEN und Störungen</u>: Bei ^{14}C-Proben (Kap. 4.1.1) in-
  teressieren Durchwurzelung, Huminsäure-Infiltration, Bioturbation,
  Schimmel- oder Algenbewuchs, Verwitterung, Durchfeuchtung. Tone
  stören bei der U/Th-Alterbestimmung (Kap. 4.3). Fossile Substanzen
  stören bei allen Methoden. ESR-Alter (Kap. 4.4.2) werden durch
  Beimengungen organischer Stoffe verfälscht.

- <u>PROBENBEHANDLUNG</u>: Trockung, Waschung, Fraktionierung, Konservierung (!) mit Art des Mittels und seines Herstellers (falls nicht
  vermeidbar).

- <u>VERPACKUNG</u> zur Identifikation vertauschter Proben.

- <u>LITERATUR</u>zitate zum Untersuchungsobjekt.

- Umfassende <u>PROBLEMBESCHREIBUNG</u> unter Bezugnahme auf die einzelnen Proben und ihre wechselseitigen zeitliche Stellung zueinander.

Eine sorgfältige Beantwortung dieser Fragen verhindert unnötige Rückfragen des Labors, die die Bearbeitung verzögern. Ein Besuch ist immer nützlich, auch um zu sehen, ob die eingereichten Proben geeignet sind und was beim nächsten Mal zu beachten ist.

5.4 Behandlung und Interpretation von Datierungsergebnissen

Die Beurteilung, Behandlung und Interpretation von Datierungsergebnissen verlangt langjährige Erfahrungen und umfassende Literaturkenntnisse, da es bisher keine allgemein gültigen Regeln gibt, die allen Methoden gerecht werden. Jedes Objekt bedarf einer gesonderten Betrachtung unter Berücksichtigung der Genese der Proben und der Fundsituation. Oft müssen Modelle entwickelt werden, die komplizierte Berechnungen verlangen (GEYH & BACKHAUS 1979, MOSER & RAUERT 1980). Das Kapitel kann deshalb nur die Problematik andeuten, aber keine Lösungen liefern, die eine enge Zusammenarbeit mit den Labors verlangen.

5.4.1 Aussagegehalt und Beurteilung von Datierungsergebnissen aufgrund der Probenbeschreibung

Zur Beurteilung von Proben (WATERBOLK 1971) empfiehlt sich eine einfache Klassifikation, die zwischen geeigneten, brauchbaren und wenig geeigneten Proben unterscheidet. Zu den geeigneten Proben gehören die methodisch empfehlenswerten Substanzen, die folgende Bedingungen erfüllen:

- Die Proben sind **stratigraphisch** oder zeitlich eingeordnet,
- sind unkontaminiert und nicht **diagenetisch** verändert und

- autochthon. Außerdem sollen die
- Fundschichten ungestört gewesen sein.

Ist eine oder sind mehrere dieser Bedingungen nicht erfüllt, waren die Proben nur brauchbar oder gar nur wenig geeignet. Gehört eine Probe in die letzte Gruppe, kann die Zuverlässigkeit des Datierungsergebnisses erhöht werden, indem man verschiedene Fraktionen datiert oder mehrere Methoden anwendet.

5.4.2   Konventionelle Daten: Bezugsjahr, Halbwertszeit, Standard

Die Ergebnisse einer physikalischen oder chemischen Datierungsmethode sind nur dann miteinander vergleichbar, wenn internationale Vereinbarungen über verfahrensmäßige Schritte getroffen und eingehalten worden sind. Man spricht dann von **konventionellen Altern** (Kap. 4.1.1.5). Die Erfordernisse unterscheiden sich von Methode zu Methode, sind aber nur bei den schon lange erprobten Standardmethoden wie ^{14}C (Kap. 4.1.1) und ^{3}H (Kap. 4.1.2) spezifiziert.

Alle physikalischen und chemischen Zeitskalen beziehen sich auf das Jahr AD 1950. Für die mit **kosmogenen Radionukliden** arbeitenden Methoden sind die Halbwertszeiten und Standards festgelegt (z.B. NBS-Oxalsäure).

Die wenigsten Zeitskalen verschiedener Datierungsmethoden sind miteinander vergleichbar. Dazu sind besondere Korrekturkurven oder -tabellen wie z.B. die **dendrochronologische** bei der ^{14}C-Methode (Kap. 4.1.1.7) notwendig.

5.4.3   Statistischer Aussageinhalt von Datierungsergebnissen

Die Ergebnisse der physikalischen und chemischen Altersbestimmungen bestehen aus zwei Angaben: dem Alter A und der Standardabweichung $\pm$ 6A (z.B. 2000 $\pm$ 50 Jahre v.h.). Sie bilden beide eine unlösbare Einheit (Kap. 4.1.1.3), das **Mutungsintervall** (A-6A bis A+6A = 1900-2100 Jahre). Das gesuchte Ergebnis A^* ist in ihm mit einer Sicherheitswahrscheinlich-

keit von 68 % zu erwarten, die im täglichen Gebrauch ausreicht. Für den
Vergleich von Ergebnissen verschiedener Labors sollte sie, also auch das
Mutungsintervall (Tab. 5), größer gewählt werden. So beträgt die Wahrscheinlichkeit, daß ein gesuchter Wert außerhalb des angegebenen Mutungsintervalls liegt, bei strengen Vergleichen nur 0,3 %. Jenes hat dann allerdings eine Größe von 6 6A !

Aus theoretischen Gründen, die hier nicht zu diskutieren sind, haben die
16-, 26- und 36-Mutungsintervalle der **Maximalalter** (Kap. 4.1.1.5) **Irrtumswahrscheinlichkeiten**, die nur halb so groß sind wie die in Tab. 5 angegeben (FELBER & VICHITYL 1962; PFANZAGL 1962).

<u>Tab. 5</u>: Breite des Mutungsintervalls in Abhängigkeit von der Größe der Si-
cherheits- bzw. Irrtumswahrscheinlichkeiten in %.

Mutungsintervall		Sicher- Irr-		Bezeichnung	Anwendung
Allgemein	Beispiel	heits- tums-			
	Jahre v.h.	wahrscheinlichkeit			
A + 16A	2000 + 100	68,3	31,7	wahrscheinlich	üblich
A + 26A	2000 + 200	95,5	4,5	sehr wahrscheinlich	Vergleiche
A + 36A	2000 + 300	99,7	0,3	höchstwahrscheinlich	strenger Vergl.
A + 46A	2000 + 400	99,9	0,1	nahezu sicher	kaum

5.4.4 Rechenregeln für Datierungsergebnisse - statistischer Test

Weil die Datierungsergebnisse mit ihren **Standardabweichungen** unlösbar miteinander verbunden sind, müssen Differenzen, Mittelwerte und andere Aufgaben nach besonderen Regeln berechnet werden. Nur wenn die Standardabweichungen gleich groß sind, kann wie üblich vorgegangen werden.

Für den allgemeineren Fall werden die wichtigsten Formeln angegeben. Sie
lassen sich mit dem Fehlerfortpflanzungsgesetz ableiten, das auch noch bei
sehr komplizierten Aufgaben hilft. Danach ist die Standardabweichung einer

Funktion $f(x_i)$ gegeben durch

Gleichung 22:
$$\sigma f(x_i)^2 = \sum_i \left(\frac{\partial f}{\partial x_i}\right)^2 \sigma x_i^2$$

ADDITION und SUBTRAKTION

Summen, Differenzen und gemischte Summen E von Daten $A_i \pm \sigma A_i$ errechnen sich nach

Gleichung 23:
$$E \pm \sigma E = A_1 + A_2 - A_3 \pm \sqrt{\sigma A_1^2 + \sigma A_2^2 + \sigma A_3^2}$$

Beispiel:
$$A_1 = 2000 \pm 100 \qquad A_2 = 1000 \pm 50$$
$$A_1 - A_2 = 1000 \pm \sqrt{100^2 + 50^2} = 1000 \pm 110$$
$$A_1 + A_2 = = 3000 \pm 110.$$

DATENVERGLEICH

Ob zwei Alter A_1 und A_2 als gleich groß angesehen werden dürfen oder nicht, ergibt der Vergleich der Differenz Δ mit deren Standardabweichung. Die Frage ist zu bejahen, wenn

Gleichung 24:
$$\Delta = K \, \sigma A$$

erfüllt ist.

MULTIPLIKATION und DIVISION mit einer Konstanten K

Gleichung 25: $\quad E \pm \sigma E = K \cdot A \pm K \cdot \sigma A$

MITTELWERTSBILDUNG:

Der Mittelwert von mehreren Daten ergibt sich aus

Gleichung 26:

$$A \pm \sigma A = \frac{\sum_i A_i\, w_i}{\sum_i w_i} \pm \sqrt{\frac{1}{\sum_i w_i}}$$

$$\text{mit} \qquad w_i = \frac{1}{\sigma A_i^{\,2}}$$

Beispiel: Der Mittelwert von 1000 $\pm$ 100 und 1200 $\pm$ 50 ist

1160 $\pm$ 45 (aber nicht 1150 $\pm$ 150),

die Differenz ist 200 $\pm$ 112 !

Die mittlere Standardabweichung der Einzelmessung ergibt sich aus $\sqrt{n}\cdot\sigma A$, wobei n die Anzahl der verwendeten Daten ist. Eine Mittelung ist nur erlaubt, wenn der X^2-Test erfüllt ist.

ZUORDNUNGSTEST von DATEN (X^2-Test)

Vor der Mittelung von Daten ist zu prüfen, ob sie alle zur selben **Normalverteilung** gehören. Dazu wird die Testgröße X^2 berechnet. Ist X^2 für einen vorgegebenen Freiheitsgrad (Anzahl der Werte minus 1) kleiner als der zugehörige Tabellenwert (PFANZAGL 1962; Tab. 6), ist die Frage zu bejahen.

Gleichung 27:

$$\chi^2 = \sum_i \frac{(A - A_i)^2}{\sigma A_i^{\,2}}$$

Tabelle 6: X^2-Werte bei 1 %iger Irrtumswahrscheinlichkeit

Datenzahl	2	3	4	5	6	7	8	9	10	20	30
X^2	6,6	9,2	11,3	13,3	15,1	16,8	18,5	20,1	21,2	38,9	52,1

5.4.5 Vergleich methodisch einheitlicher und methodisch unterschiedlicher Daten

Beim Vergleich von Daten sind folgende Fälle zu unterscheiden:

- Vergleich von Daten, die mit derselben Methode und in demselben

Labor ermittelt worden sind,

- Vergleich von Daten, die mit derselben Methode, aber in verschiedenen Labors ermittelt worden sind, und

- Vergleich von Daten, die mit verschiedenen Methoden ermittelt worden sind.

Methodisch gleiche Daten desselben Labors sollten am ehesten innerhalb der angegebenen **Standardabweichungen** übereinstimmen. Leider zeigt das Ergebnis der International Study Group (1982), daß diese Hoffnung nicht immer erfüllt wird.

Ein Vergleich methodisch gleicher Daten (hier der ^{14}C-Methode) von verschiedenen Labors zeigte, daß die Standardabweichungen bis um einen Faktor zwei zu klein angegeben werden. Daraus leitet sich die Empfehlung ab, in solchen Fällen mit doppelter Standardabweichung (**2-Sigma-Intervall**) zu arbeiten, ohne erwarten zu dürfen, daß sich dadurch die **Sicherheitswahrscheinlichkeit** entsprechend der Theorie erhöht (Kap. 5.4.3). In besonders kritischen Fällen sollte das **Mutungsintervall** noch breiter gewählt werden.

Bei der Gegenüberstellung von Datenkomplexen, die zur selben Fragestellung gehören, sind geeignete statistische **Tests** durchzuführen (z.B. Test gegen den Trend, X^2-Test, Test von "McNemar"), die die Zugehörigkeit der Daten zur selben Verteilung bestätigen oder verneinen. Manchmal hilft auch eine graphische Darstellung der Daten als Histogramm (Kap. 5.4.6).

Am schwierigsten gestaltet sich der Vergleich von Daten, die mit verschiedenen geochronologischen Methoden ermittelt worden sind. Ohne Erfolg wird man bleiben, wenn die Grenze des **Datierungsbereichs** bei einer der Methoden erreicht worden ist (Kap. 4.1.1.5). Ein Beispiel soll dies verdeutlichen (GEYH & FRANKE 1981). Proben, die Mischungen aus sehr verschieden alten Komponenten sind oder sich relativ langsam gebildet haben und viele Jahrzehntausende repräsentieren, ergeben stark voneinander abweichende ^{14}C- (Kap. 4.1.1) und U/Th- (Kap. 4.3) Alter (Fig. 16). Der Grund ist, daß der ^{14}C-Gehalt während der Alterung exponentiell abnimmt und das aus

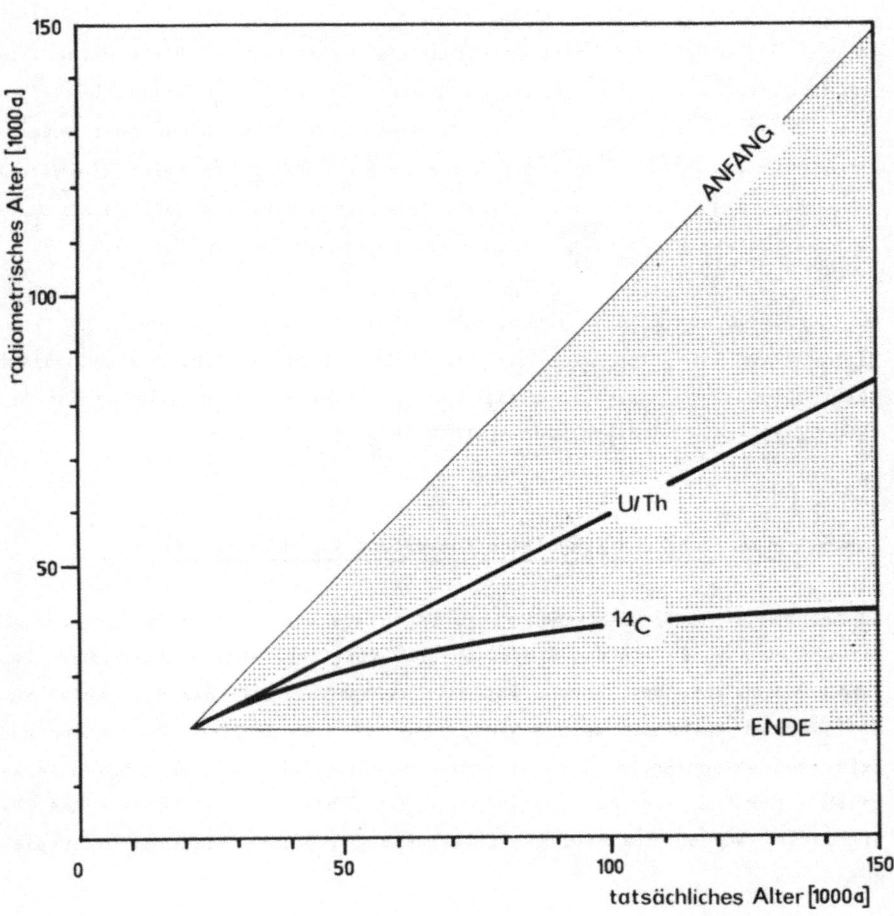

Fig. 16: Unterschied zwischen mittlerem (auch U/Th-) und konventionellen ^{14}C-Alter für Proben, die innerhalb irgendeiner Zeitspanne zwischen 150 000 und 20 000 Jahren v.h. gebildet worden sind.

dem mittleren ^{14}C-Gehalt berechnete Alter immer kleiner ist als das tatsächliche (Kap. 6.3; Fig. 20; GEYH et al. 1971a). Der ^{230}Th-Gehalt nimmt hingegen im Datierungsbereich der ^{14}C-Methode nahezu linear zu, so daß mit der U/Th-Methode das mittlere Alter bestimmt wird.

Kontaminationen führen zu einem ähnlichen Resultat, da sie sich methodisch unterschiedlich auswirken. U/Th-Daten von Kalksinter, die kleiner als 10 000 Jahre v.h. sind, erweisen sich häufig um viele Jahrtausende zu groß

(Kap. 4.3), ohne einen meßtechnischen Hinweis zu finden. Die Ursache können im Sinter enthaltene, geringste Tonanteile sein, die "detrisches" Thorium-230 enthalten haben. Große U/Th-Daten sind davon nicht mehr betroffen. Umgekehrt stellen hohe ^{14}C-Alter über 30 000 Jahre meist Minimalangaben dar, weil schon wenige Prozent rezenter organischer Substanzen ausreichen, um die Proben viel zu jung erscheinen zu lassen (Kap. 4.1.1.9).

Der Vergleich von Altersangaben, die in Kalenderjahren vorliegen, mit konventionellen ^{14}C-Daten (Fig. 5, 6 & 7) ist symptomatisch. Die methodisch unterschiedliche Zeitskalen klaffen weit auseinander und bedürfen zur Anpassung Korrekturtabellen oder -kurven (Kap. 4.1.1.7).

5.4.6   Numerische und graphische Auswertung von Datenserien

Zu manchem Themenkreis liegen viele Daten aus einem größeren Zeitbereich vor und es stellt sich die Frage, ob sich zeitliche Abgrenzungen durch Datenhäufungen erkennen lassen. Das setzt einmal voraus, daß die Proben zufallsbedingt entnommen worden sind, also z.B. von mehreren Einsendern und ggfs. von verschiedenen Orten stammen. Wurden Proben mit bestimmten Merkmalen entnommen, z.B. zur Festlegung des Anfangs oder des Endes eines Ereignisses, werden die Häufigkeitsverteilungen diese Selektion widerspiegeln.

Datenkomplexe zu bestimmten Themenkreisen können numerisch durch Berechnung von gewichteten Mittelwerten (RHODES et al. 1980) oder anschaulicher graphisch (GEYH 1980a; GEYH & DE MARET 1982) ausgewertet werden. Es empfiehlt sich, beide Verfahren anzuwenden.

Bei der numerischen Auswertung werden Daten zusammengefaßt, die entweder innerhalb eines engen Wertebereichs liegen oder zu Proben mit bestimmten Merkmalen gehören, und die gewichteten Mittelwerte (Kap. 5.4.4) berechnet. Statistische Tests sind notwendig, um die Zugehörigkeit der Daten zur selben Häufigkeitsverteilung zu beweisen.

Die graphische Darstellung von Daten mit Automaten ist als Histogramm am anschaulichsten. Dieses Verfahren bietet sich an, um eine Übersicht über den Informationsinhalt der Daten zu gewinnen. Besteht der Verdacht, daß einige von ihnen fehlerhaft sind, würde das Rechenverfahren falsche Ergebnisse liefern. Das Histogramm läßt zumindestens den Trend richtig erkennen (GEYH & RHODE 1972).

Die Länge der X-Achse eines Histogramms ist durch den Wertebereich der Daten vorgegeben. Die Teilung ergibt sich aus der Wahl der **Klassenbreite**. Sie soll klein, aber nicht schmaler als das mittlere **Mutungsintervall** der Daten sein, um ein optimales zeitliches Auflösungsvermögen zu erreichen. Die Klassenbreite soll andererseits möglichst groß, aber nicht breiter als das doppelte mittlere Mutungsintervall sein, um die statistisch bedingten Verzerrungen der Histogramme zu verkleinern. Diese sind umso größer, je weniger Daten pro Klasse vorliegen (GEYH 1980a; GEYH & DE MARET 1982). Die Standardabweichungen sind um einen Faktor 2 zu verkleinern, um die künstliche Verbreiterung gut belegter Peaks zu kompensieren.

Die Skalierung der Y-Achse richtet sich nach dem Verfahren der Histogrammdarstellung.

Am einfachsten ist, die einzelnen Daten ihren Klassen zuzuordnen und eine entsprechende Zahl gleichgroßer Rechtecke übereinander zu zeichnen (Fig. 17a). Die Umgrenzungslinie ist die gesuchte **Häufigkeitsverteilung**. Die Y-Achse gibt die Zahl der Daten pro Klasse an. Dieses Verfahren empfiehlt sich bei großen Datenkomplexen (mehr als 5 Daten pro Klasse), nicht aber bei sehr unterschiedlich genauen Daten.

Komplizierter ist, jedem Alter und seiner Standardabweichung ein Polynom oder **Glockenkurve** mit vorgegebener Fläche zuzuordnen und entsprechend der Klassenlage übereinander zu zeichen (Fig. 17b). Daten mit großen Standardabweichungen ergeben relativ flache Flächen, die sich über viele Klassen erstrecken, genauen Daten werden sehr hohe und schmale **Peaks** zugeordnet. Der Vorzug dieses Verfahrens, die **Datierungsgenauigkeit** mit zu berücksichtigen, birgt die Gefahr, einzelne Peaks aus wenigen, sehr genauen Daten überzubewerten. Die Skalierung der Y-Achse ist bei diesem Verfahren willkürlich und entspricht nicht mehr der Klassenhäufigkeit.

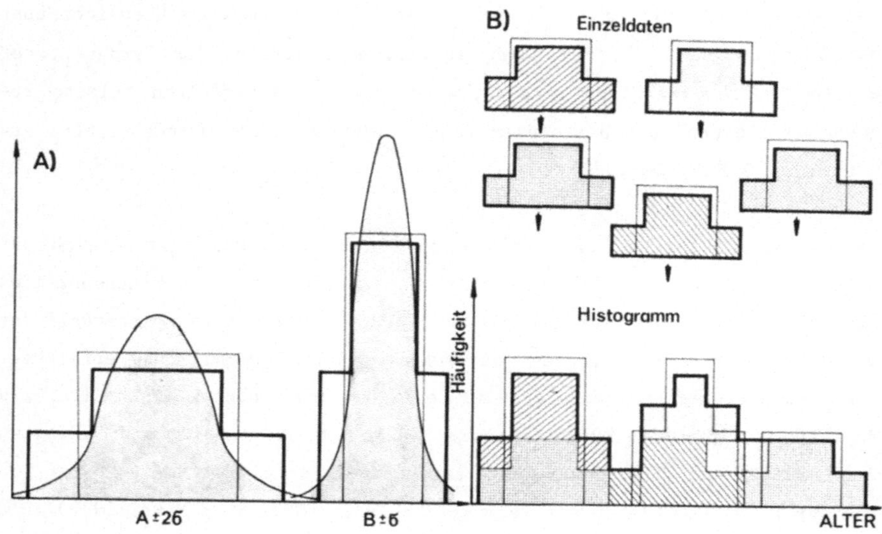

Fig. 17: a) Darstellung zweier unterschiedlich genauer Daten A und B als
Glockenkurven, Rechtecke und Polynome und b) Konstruktion eines
Histogramms durch Superposition mehrerer dieser verschiedenen -
Flächen.

Zur Interpretation von Histogrammen sind einige grundlagende Aspekte zu
berücksichtigen:

- Die Abweichungen der ^{14}C- von der Kalenderzeitskala (Kap. 4.1.1.7)
führen zu starken Verzerrungen der Histogramme oder falschen Zuordnungen von Daten bei der Mittelwertsberechnung. Wenn z.B. ein Zeitabschnitt mit 100 Kalenderjahren 30 ^{14}C-Jahren entspricht (oder
umgekehrt), ist das Histogramm (Fig. 18) über der ^{14}C-Zeitachse
aufgewölbt (bzw. eingetieft). Histogramme, deren X-Achse in Kalenderjahren unterteilt ist, zeigen diese Fehler nicht, sind aber nur
schwer aus ^{14}C-Daten abzuleiten (GEYH 1980a).

- Es gibt erdgeschichtliche Phänomene, wie z.B. die Meeresspiegel-
schwankungen (GEYH 1980a), deren auf Kalenderjahre tranformierte Histogramme keine Täler und Peaks haben, obgleich die Datenhäufungen
im ^{14}C-Histogramm **lithostratigraphisch** erklärlich sind und unter-

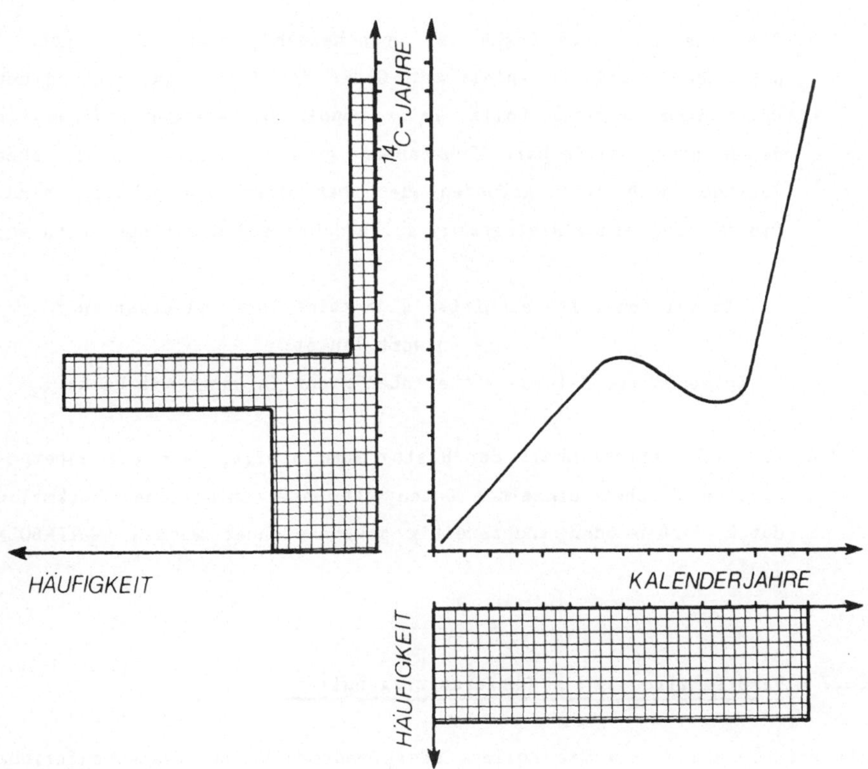

Fig. 18: Einfluß der Verzerrung der ^{14}C-Zeitskala auf das Aussehen eines gleichmäßig belegten Histogramms, der sich in Überhöhungen und Vertiefungen zeigt.

schiedlichen geologischen Einheiten angehören. In solchen Fällen ist anzunehmen, daß die untersuchten Phänomene die selben Ursachen wie die Änderungen der mittelfristigen ^{14}C-Produktion (Kap. 4.1.1.7) haben.

- Die Zahl der Daten eines Histogramms ist endlich und die einzelner Peaks relativ klein. Ihre Höhen haben daher eine Unsicherheit nach oben und unten, der als ($\pm$)-Wurzelbetrag der Klassenbelegung nach der POISSON-Statistik berechnet werden kann, also z.B. bei 10 Daten $\pm$ 33 % beträgt ! Scheinbare Peaks und Täler sind deshalb keine Seltenheit (GEYH & DE MARET 1982).

- Die Existens eines Peaks ist entscheidend, nicht seine Höhe !
  Neben der Statistik spielt die Größe der Standardabweichung der
  Daten eine zu große Rolle. Täler können zu Perioden gehören, in
  denen einst datierbare Substanzen gebildet worden sind, aber
  entweder noch nicht gefunden oder aber nicht mehr erhalten sind.
  Die Deutung eines Histogramms solle daher auf der Frage aufbauen:

  In welchen Zeitabschnitten sind keine Daten zu erwarten ?
  Die Antwort lautet:
  In denen mit Tälern, sicher aber nicht in denen mit Peaks !

- Der Informationsinhalt der Histogramme steigt, wenn die superpo-
  nierten Flächen einzelner Daten mit unterschiedlichen Merkmalen
  durch Farben oder andersweitig gekennzeichnet werden (WATERBOLK
  1971).

5.4.7 Veröffentlichung von Datierungsergebnissen

Altersbestimmungen sind wie Pollen- oder Dendroanalysen wissenschaftliche
Arbeit, auch wenn scheinbar "nur" Routinearbeit im Labor geleistet wird.
Entsprechend ist dem **geochronologischen** Bearbeiter in Publikationen zu
danken.

Veröffentlichungen sollten folgende Angaben zu den Daten enthalten:

- **Alter** und zugehörige **Standardabweichung,**

- Datierungsmethode und ggfs. zur Berechnung verwendete Werte wie
  Halbwertszeit, Anfangskonzentration, Standard (Kap. 5.4.2),

- Korrekturen (z.B. δ^{13}C-, **Reservoir-, Dendro-Korrektur**) und Mo-
  dellvorstellungen (z.B. hydrogeologisches Exponentialmodell), und

- Laborsynomym mit Bearbeitungsnummer.

Arbeiten über größere Datenkomplexen sollten zusammen mit einem erfahrenen Geochronologen interpretiert oder zumindestens von ihm begutachtet und beurteilt werden. Die Geochronologie ist ein so junges und sich schnell entwickelndes, wissenschaftliches Arbeitsgebiet, daß es gerade noch der Fachmann überblicken kann.

Adressen aktiver geochronologischer Labors sind in den Veröffentlichungen des Council of Europe, PACT Study Group, Straßburg, und dem jeweils letzten Jahresheft von RADIOCARBON zu finden.

6.   ANWENDUNGSSPIEGEL

In diesem Kapitel werden die wichtigsten Anwendungsgebiete der Altersbestimmungsmethoden und die ihnen innewohnenden Datierungsprobleme behandelt. Insbesondere wird auf die Besonderheiten der verschiedenen datierbaren Substanzen eingegangen, die bei der Entnahme und Behandlung der Proben und der Interpretation der Ergebnisse zu beachten sind. Diese Hinweise können freilich den persönlichen Kontakt mit den geochronologischen Labors nicht ersetzen. Nur dort ist nämlich zu erfahren, wie lange die Analysen dauern, wie groß die Probe sein sollte, welche Substanz bzw. Fraktion das zuverlässigste Alter verspricht, welche Genauigkeit zu erwarten ist und was die Untersuchung kostet.

6.1 Vor- und Frühgeschichte, Anthropologie

Aus der Vor- und Frühgeschichtsforschung sowie die Anthropologie kommen Datierungswünsche, die in der überwiegenden Zahl aller Fälle zeitliche Abgrenzungen von Kultur- und Siedlungsepochen aufgrund der Untersuchung von Einzelfunden zum Inhalt haben. Ausnahmen waren die Kalibrierung der Kalender alter Kulturvölker (SATTERTHWAITE & RALPH 1960; SUESS 1967). Im Grenzbereich der Gutachtertätigkeit sind Kunstfälschungen zu identifizieren.

6.1.1 Angewandte Datierungsmethoden

Die ^{14}C-Methode (Kap. 4.1.1) wird nach wie vor am häufigsten eingesetzt, um Funde organischer Substanzen - Holz, Holzkohle, Speisereste, Knochen, Kleider, Humusstoffe aus Siedlungsschichten, Mörtel, Muschelschalen und Schneckengehäuse sowie Spurenkohlenstoff in Schlacken, Eisengeräten und Scherben - zu datieren.

Die Thermolumineszenz-Methode (Kap. 4.4.1) ist zur Altersbestimmung von Keramik, gebranntem Ton und ausgeglühten Steinen von Feuerstellen sowie Eisenverhüttungsplätzen prädestiniert, ohne auf unsichere Begleitfunde zurückgreifen zu müssen. Die geringere Datierungsgenauigkeit kann mit parallelen ^{14}C-Altersbestimmungen verbessert werden.

Mit der Aminosäure-**Razemisierungs-** (Kap. 4.6.1) und der ESR-Methode (Kap. 4.4.2) lassen sich sehr kleine **pleistozäne** Knochenfunde datieren, sofern methodische Verbesserungen gelingen (TAYLOR 1983). Grobe Alterseinstufungen sind mit der Uran-, Fluor- und Stickstoff-Methode (Kap. 4.6.3) möglich (HILLE et al. 1981). Für **Obsidian-Werkzeuge** bietet sich die **Hydratations-**Methode (Kap. 4.6.2) an, wenn über die Alter einzelner Begleitfunde Angaben vorliegen.

Die **Alter** gebrannter Tone und Scherben sind auch **paläomagnetisch** (Kap. 4.5.1) bestimmbar.

An Farben von Gemälden ermöglicht die Aminosäurezersetzungs- (Kap. 4.6.3) oder die Blei-210-Methode (Kap. 4.2.1) Altersbestimmungen.

6.1.2 PROBEN: Holzkohle, Holz, Kleider, Knochen, Gewebe, Muschelschalen und Schneckengehäuse, Mörtel, Keramik, Kunstwerke

HOLZKOHLE

Große Holzkohle-Stückchen, bei denen die Jahresringstruktur des Holzes noch zu erkennen ist, sind häufig Begleitfunde menschlicher Besiedlungen, von Feuerstellen und Gräbern. Sie sind mit der ^{14}C-Methode sehr zuverlässig zu datieren. Im Gegensatz dazu liefern Proben z.B. aus Kulturschichten, die weniger als 5 ^{O}/oo Kohlenstoff enthalten, oft scheinbar zu große Alter, weil kleine fossile Kohleteilchen eingelagert sind (OLSSON 1979a). Adsorbierte Huminsäuren oder eingedrungene Wurzeln lassen sich bei der Aufbereitung i.a. soweit abtrennen, daß sie nur noch bei Altern über 30 000 Jahre stören (Kap. 4.1.1.9). In Sand vermischte Holzkohle kann viel zu große Kohlenstoffgehalte vortäuschen. Kohlestückchen aus der Asche niedergebrannter Gebäude liefert ^{14}C-Alter, die fast immer um wenigstens 100 Jahre von dem gesuchten Baudatum nach oben abweichen, weil meist nur der innere, ältere Kern der verbauten Stämme übrigbleibt.

Zu beachten ist, daß unter extremen Umweltbedingungen, wie in den antarktischen und tropischen Wüstengebieten, fossiles Holz als Brennmaterial verwendet worden sein kann. Bei übereinander liegenden Kulturschichten stellt sich überdies das Problem anthropogener Störungen, die sich z.B. in einer Vermischung der datierbaren Substanzen auswirkt und zu scheinbar unverständlichen Ergebnissen (WILLKOMM 1983) führt.

HOLZ

Holz ist ^{14}C-methodisch besser als Holzkohle datierbar, weil es weniger leicht kontaminiert wird. Freilich kann es umgelagert sein wie z.B. oft in Ufer- oder Küstensedimenten. In Wüstengebieten wird fossiles Holz als Brennmaterial verwendet. Hier wie da ergeben sich zu hohe Alter. Umgekehrt stammt manches, im Boden gefundene Holzstück, von jüngeren Wurzeln. Hölzer mit mehr als 100 Jahresringen können dendrochronologisch datiert werden. Bei Proben aus Gebäuden ist auf restaurierte bzw. wiederbenutzte Bauteile zu achten. Indes ist das Alter der Hölzer vor ihrer Verwendung im Bau zu vernachlässigen. Bei mächtigen Holzstämmen (Balken, Opferstöcke, Einbäume) sind die äußeren Jahresringe zu entnehmen, die dem Fälldatum am nächsten kommen. Das Pflanzjahr, das durch den Kern repräsentiert wird, kann mehrere Jahrhunderte früher liegen.

Hölzer für die Datierung sollten getrocknet, aber nie mit kohlenstoffhaltigen Chemikalien (Lacke, Kunstharze, Wachse, Öle, Teere) getränkt, geleimt oder konserviert werden (Kap. 5.2).

KLEIDER, TEPPICHE, SPEISERESTE, GEWEBE

Kleider, Gewebe und Speisereste sind wegen ihres direkten Bezugs zum Menschen ideale ^{14}C-Proben. Allerdings sind δ^{13}C-Korrekturen (Kap. 4.1.1.4) notwendig, um scheinbare Alterserhöhungen als Folge von Isotopenfraktionierungen zu korrigieren. Sie sind bei nach dem CALVIN-C3-Zyklus assimilierenden Pflanzen besonders groß. Durch den Reservoir-Effekt sind bei z.B. überwiegend Fisch essenden Menschen ebenfalls Datierungsfehler von mehreren Jahrhunderten zu erwarten (VAN DER MERVE & VOGEL 1978; CHISHOLM et al. 1981; TAUBER 1981). Teppiche sind nach ihren ^{14}C-Altern oft älter als bisher angenommen, wahrscheinlich weil bisher kaum absolute Datierungen durchgeführt worden sind.

KNOCHEN, ZÄHNE, GEWEIH

Verbesserte Extraktionsmethoden des Kollagens (LONGIN 1971) garantieren zuverlässige ^{14}C-Altersbestimmungen an Knochen, Geweih und Zähnen unabhängig vom Fundort. Eine Ausnahme machen Proben der Ertebölle-Kulturen, in denen marine Nahrung dominierte. Der Reservoir-Effekt (Kap. 4.1.1.8) kann Datierungsfehler von mehreren Jahrhunderten verursachen, sofern die δ^{13}C-Werte (Kap. 4.1.1.4) keine Korrekturen ermöglichen (CHISHOLM et al. 1981; TAUBER 1981). ^{14}C-Alter vom Knochen-Apatit sind gewöhnlich zu klein, da scheinbare Verjüngungen durch Isotopenaustausch mit dem Bikarbonat des Grundwassers oder ausgefällte Karbonate vorkommen (HASSAN et al. 1977). Das Apatit vom Geweih liefert um Jahrtausende zu große Alter, da fossiler Kalk eingebaut ist.

Die Alter von Knochen, die älter als 20 000 Jahre sind, lassen sich mit der U/Th- (Kap. 4.3; BISCHOFF & ROSENBAUER 1981) oder der Aminosäure-Razemisierungs-Methode (Kap. 4.6.1; PROTSCH & BERGER 1973, TAYLOR 1983) bestimmen. Für offene Systeme sind besondere Auswertemodelle entwickelt worden. Für die ESR-Methode (Kap. 4.4.2) scheint Zahnschmelz am besten geeignet zu sein. Wenn die Zuverlässigkeit eines Ergebnisses in Frage gestellt wird, empfiehlt sich die Untersuchung weiterer Fraktionen nach möglichst vielen Methoden (COOK et al. 1982).

MUSCHELSCHALEN, SCHNECKENGEHÄUSE

Schalenhaufen der Ertebölle-Kulturen der überwiegend Muschelfleisch essenden Menschen, enthalten geeignete Proben, sofern diese nicht - wie z.B. im tropischen Regenwald - durch Isotopenaustausch mit dem CO_2 des Sickerwassers "verjüngt" worden sind. Wenn in solchen Fällen die äußeren und inneren Schichten getrennt datiert werden, läßt die Differenz der Ergebnisse erkennen, inwieweit den Altern vertraut werden darf. Muschelschalen, die zu Schmuck- und Gebrauchsgegenständen verarbeitet worden sind, können von umgelagerten Oberflächenfunden stammen, die bei der Verarbeitung schon Alter von vielen Jahrtausenden hatten. **Terrestrische Schneckengehäuse** ⟶ Kap. 6.2.2

MÖRTEL, SPURENKOHLENSTOFF in KERAMIK und EISEN, FLINT

Mörtel sollte theoretisch gut ^{14}C-datierbar sein, weil gebrannter Kalk bei der Verfestigung atmosphärisches CO_2 bindet. In humiden Gebieten sorgt aber Isotopenaustausch im häufig durchfeuchteten Mauerwerk für scheinbar zu kleine ^{14}C-Alter. Umgekehrt erklären ungebrannte Kalkreste im Mörtel scheinbar überhöhte Daten. Dünnschliffe lassen solche Verfälschungen erkennen. Mörtel von Bauwerken in ariden Gebieten lieferten brauchbare Ergebnisse (FOLK & VALASTRO 1979) ebenso wie aus ihm extrahierte Holzkohle, Holz- und Pflanzenreste. Aus Flußsedimenten hergestellte Lehmziegel (z.B. im Niltal) enthalten indessen umgelagerte organische Substanzen, die zu scheinbar zu großen ^{14}C-Altern führen.

Miniatur-Zählrohre und Beschleuniger sind die Lösung, um den Restkohlenstoff in Scherben und Eisenwerkstoffen (KOHL & QUITTA 1963; DE AITLEY 1980) zu datieren, sofern störende **Huminsäuren** und eingedrungene Würzelchen entfernt werden können. Für Scherben am besten geeignet ist die Thermolumineszenz-Methode (Kap. 4.4.1).

Für ^{14}C-Datierungen von Eisen- und Glashütten-Plätzen sowie von Feuerstellen bietet sich fast immer zurückgebliebene Holzkohle an. Erfolgreich waren auch **paläomagnetische** Altersbestimmungen (Kap. 4.5.1) an nach der Himmelsrichtung ausgerichteten Sedimentprofilen.

Flint ist billig, aber nicht unbedingt sehr genau mit der **Obsidian-Hydratations-Methode** (Kap. 4.6.2) zu datieren. Eine **Kalibrierung** der chemischen Zeitskala mit Hilfe andersweitig datierter Begleitfunde ist Voraussetzung.

KUNSTWERKE

Miniatur-Zählrohre und **Beschleuniger** ermöglichen ^{14}C-Altersbestimmungen an Proben mit nur 50 µg bis 50 mg Kohlenstoff, die Füllungen in Metallstatuen, Schnitzerein, Gemälden, Papyros-Rollen oder Pergament-Schriften ohne Zerstörung der Kunstwerke entnommen werden können. Kunstfälschungen sind auf diese Weise mit exakten Methoden zu identifizieren. Restaurierungen sind bei der Probenahme zu beachten.

Bleiweiß ist mit der ^{210}Pb- (Kap. 4.2.1) und Pigmentfarben sind mit der Aminosäure-Zersetzungsmethode (Kap. 4.6.1) datierbar. Die Alter anthropologisch bedeutsamer Funde sind mit der ESR- (Kap. 4.4.2) und der U/Th- (Kap. 4.3) Methode bestimmbar (COOK et al. 1982).

6.2   Geologische und geomorphologische Studien:
Vegetationsgeschichte, Klimatologie und Glaziologie, Meteoritik

Viele Proben werden während geologischer Kartierungen oder bei vegetationsgeschichtlichen Spezialuntersuchungen entnommen, um zeitliche Fixpunkte für Schichtenprofile bzw. Pollendiagramme zu erhalten. Umgelagerte oder **diagenetisch** veränderte Proben müssen ausgesondert werden. Die **Kontaminationen** mit **Huminsäuren**, Wurzeln oder anderen **allochthonen** Stoffen sollen sich in Grenzen halten.

6.2.1 Angewandte Datierungsmethoden

Organische Substanzen (Holz, Holzkohle, Torf, Pflanzenreste, Knochen und Sumpfgas, Muschelschalen und Schneckengehäuse, Mudde) sowie Travertine (Kap. 6.4) können mit der ^{14}C-Methode (Kap. 4.1.1) datiert werden. Die **paläomagnetische** Methode (Kap. 4.5.1) bietet sich für sehr alte **quartäre** Sedimente an, während die ESR- und **Thermolumineszenz**-Methoden (Kap. 4.4) i.a. nur **stratigraphische** Vergleichswerte liefern. U/Th-Datierungen (Kap. 4.3) haben sich bei Travertinen (Kap. 6.4.2). bewährt. Für die Altersbestimmung von Eis bieten sich die δ^{18}O- (Kap. 4.5.2) und ^{39}Ar- (Kap. 4.1.3) Methoden an.

6.2.2 PROBEN: Holz, Torf, Muschelschalen und Schneckengehäuse, Sumpfgas, Eis

HOLZ

Holz ist methodisch gut ^{14}C-datierbar, wenn umgelagerte Stücke aus Fluß-, See- und Küstensedimenten ausgeklammert werden, die nur Maximalalter liefern. Bei derartigen Fundsituationen sind **in-situ-Wurzeln** zu suchen, die allerdings aus dem Hangenden in die zu datierende Schicht eingedrungen sein können. **Stratigraphisch zu junge Ergebnisse liefern** in etwa 70 % aller Fälle unter der Wasserfläche ausgebaggerte Hölzer, die unbemerkt aus höheren Schichten in die Tiefe abgesackt sind.

TORF

Hochmoortorfe (Spaghnum, Eriophorum) sind sehr gut ^{14}C-datierbar, da sie Schicht für Schicht nach oben wachsen und die Pflanzen **atmosphärisches** CO_2 assimilieren. Umlagerungen kommen kaum vor oder sind erkennbar. Freilich brauchen stratigraphisch einheitliche Horizonte, wie z.B. der

Schwarz/Weißtorf-Kontakt, nicht altersgleich zu sein (SCHNEEKLOTH 1965).

Bei pleistozänen, also z.B. interstadialen Torfen ist auf **Huminsäure**-anreicherungs-Horizonte und Durchwurzelungen zu achten, die in Trocken-rissen auszumachen sind. Für derartige Torfe kommen auch U/Th-Datierungen (Kap. 4.3; VOGEL & KRONFELD 1980) in Betracht. Es ist selbverständlich, daß alte Aufschlüsse vor der Probenahme gereinigt werden müssen. Besser sind mit Stechrbohrgeräten (MERKT & STREIF 1971) entnommene Proben. Unge-eignet ist der LINNEMANN-Bohrer, in dem das Bohrgut verwürgt wird. Die Probenmengen (Kap. 4.1.1.3) müssen umso größer sein je stärker die Torfe zersetzt sind, weil die Huminsäuren zur Beseitigung von **Kontaminationen** abgetrennt werden. Aber 50-100 cm^3 reichen normalerweise aus. Sind die Proben durchwurzelt, wird auf die **Aufbereitung** stark zersetzter Torfe ver-zichtet, weil die Huminsäuren überwiegend autochthon sein werden, sofern Zusickerungen aus dem Hangenden zu vernachlässigen sind. Durch die Abtren-nung der Huminsäuren würde der **allochthone** organische Anteil der Wurzeln gegenüber dem autochthonen nur vergrößert. Die optimale Lösung der Vorbe-reitung ist zusammen mit dem ^{14}C-Labor zu finden.

Niedermoortorfe (Phragmites, Carex) ergeben ebenfalls verläßliche ^{14}C-Daten, wenn Rhizome und bei Uferablagerungen allochthone Holzkohlestück-chen entfernt werden. An der Küste kommen die Probleme des Klappkleis hin-zu, vom Seewasser angehobene Torfschichten, die **stratigraphisch diskordan**-te ^{14}C-Alter ergeben.

Bruchwaldtorfe sind nur dann geeignet, wenn die Lagerung z.B. nicht durch umgestürzte Bäume gestört worden ist.

Die für die Probenahme empfehlenswerte Schichtdicke richtet sich nach der Wachstumsrate der Torfe. Optimal ist, wenn der durch die Probe repräsen-tierte Wachstumszeitraum mit dem durch die **Standardabweichung** festgelegten Mutungsintervall übereinstimmt, also kleiner als 100 Jahre ist.

Unkorrodierte, nicht umkristallisierte und dicke Muschelschalen (CHAPPELL & POLACH 1972), möglichst nur einer Art, die in der Lebendstellung der Tiere oder in ungestörten Kolonien gefunden werden, ergeben zuverlässige Alter, Split und einzelne Schalen oft um viele Jahrtausende zu große Werte. Spezies von Austern, die nur im flachen Wasser leben, werden empfohlen. Andere aus größeren Tiefen können durch Meeresströmungen abgedriftet sein (MACINTYRE et al. 1978). Dies zu bedenken ist wichtig, wenn eustatische Meeresspiegelstände oder tektonische Hebungen oder Senkungen datiert werden sollen.

Kontaminationen von Muschelschalen und Schneckengehäusen durch **Isotopenaustausch** mit Luft-CO_2 spielen bei **holozänen** Proben kaum eine Rolle, wohl aber bei **pleistozänen** (Kap. 4.1.1.9). Eine Vorstellung über die mögliche Altersverfälschung erhält man bei getrennter Datierung der äußeren und inneren Zonen und Vergleich der Ergebnisse.

Gehäuse terrestrischer Schneckenschalen, möglichst nur einer Spezies, sind vor der Datierung sorgfältig von Kalkkrusten zu befreien. Trotzdem werden manchmal um mehrere Jahrtausende zu große ^{14}C-Alter erhalten, weil Schnecken fossilen Kalk direkt in ihre Häuser einbauen können (TAMERS 1970; EVIN et al. 1980).

SUMPFGAS

Das ^{14}C-Alter von Sumpfgas entspricht dem des Muttergesteins (NOWAK 1968). Es wird an 0,5 bis 3 Liter Methan bestimmt, das in Gasmäusen gesammelt wird. Der Anteil an beigemengtem CO_2 ist zu berücksichtigen, dessen ^{14}C-Alter auch von Interesse sein kann.

EIS

Die Datierung von Eis ist eine wichtige Aufgabe der Paläoklimaforschung.

<u>EIS</u>

Die Datierung von Eis ist eine wichtige Aufgabe der Paläoklimaforschung.
Bei temperierten Gletschern, in denen Molekulardiffusion und Perkolation
von Schmelzwasser die Jahresschichtung relativ schnell verwischt, können
mit der δ^{18}O- (Kap. 4.5.2) und der Tritium-Methode (Kap. 4.1.2) gerade
die letzten Jahrzehnte bis maximal Jahrhunderte datiert werden. Dazu sind
auch die Methoden der anthropogenen Markierung (Kap. 4.5.3) z.B. mit fall-
out und mit ^{210}Pb (Kap. 4.2.1) geeignet.

Die Datierung von nicht temperierten arktischen und antarktischen Eis ergibt zuverlässigere Ergebnisse, weil - abgesehen von Molekulardiffusion -
zumindestens der Klimatrend der δ^{18}O-Werte erhalten bleibt, so daß dra-
stische Temperaturänderungen wie am Übergang Glazial/Interglazial sicher
zu erfassen sind (DANSGAARD 1969). Absolute Zeitskalen wurden mit mehrmals
verbesserten Fließmodellen der Inlandgletscher entworfen. Direkte Bestimmungen des Eisalters gelangen über das in Poren eingeschlossene CO_2 mit
der ^{14}C-Methode (Kap. 4.1.1), wozu beim Einsatz von Miniatur-Zählrohren
bis zu 1 t Eis im Bohrloch aufgeschmolzen und entgast werden mußten. Die
Beschleuniger-Technik verspricht vereinfachte Probenentnahmebedingungen.
Gute Ergebnisse bis 2000 Jahre lieferte auch die aufwendige ^{39}Ar-Methode
(Kap. 4.1.3; LOOSLI 1980).

<u>METEORITE</u>

Das Falldatum von Meteoriten, wenn es nach 2 Millionen und vor 10 000
Jahren v.h. liegt, soll mit der Tl-Methode (Kap. 4.4.1) bestimmbar sein.
Die TL-Energie muß nach dem Aufschlag auf die Erde gespeichert worden sein
(McKEEVER 1982). Die ^{14}C-Methode ist auch geeignet, wobei von einer
Sättigung mit Radiokohlenstoff während des Fluges ausgegangen wird (BOECKL
1974).

6.3   Bodenkunde und Sedimentologie

Mineralböden sind mit organischen Substanzen angereicherte mineralische Sedimente (Regolithe). Zu Beginn des **Holozäns** entwickelten sich in Mitteleuropa zunächst Tundrenböden, deren organische Substanzen aus dem **Spätglazial** stammten. Mit fortschreitender Klimaverbesserung breitete sich Waldvegetation aus, unter der sich diese Böden zu Braunerden umwandelten, wobei die vorher akkumulierte organische Substanz teilweise durch neue ersetzt wurde. Gleichzeitig entstanden an besonders günstigen Standorten stark humose Schwarzerden, bei denen Bodenlebewesen organische Substanzen in die Tiefe transportierten und völlig durchmischten. Als der Mensch seit dem Neolithikum immer häufiger dazu überging, Wald großflächig zu roden, fand unter Heidebewuchs eine Podsolierung der Braunerden statt. Sie äußerte sich in einer intensiven Verlagerung organischer Substanzen in gelöster und suspensierter Form mit dem Sickerwasser und letztlich in Orterde- und Ortstein-Bildung (KUNTZE et al. 1981).

6.3.1   Angewandte Datierungsmethoden

Aufgrund der komplexen Genese aller Bodenarten, sind alle Altersbestimmungen unabhängig von der Methode erschwert. Mit der ^{14}C-Methode (Kap. 4.1.1) wurde versucht, die organischen Bestandteile der Böden absolut zu datieren (SCHARPENSEEL & SCHIFFMANN 1977). Der Pedologe hoffte, wenigstens das mittlere Alter der Böden bestimmt zu bekommen, um die zeitliche Abfolge bodengenetischer Entwicklungen nachvollziehen zu können. Als zuverlässig anzusehen sind aber nur die ^{14}C-Alter von Böden mit Kohlenstoffgehalten von einigen Prozent, also schwach durchwurzelte und stark humose A_h-Horizonte oder ausgelesene Holzkohlestückchen.

6.3.2   PROBEN: Huminsäure-Extrakte, Calcretes (Caliche), Lößkindl, Schnecken

HUMINSÄURE-EXTRAKTE aus MINERALBÖDEN

^{14}C-Analysen an **Huminsäure**-Extrakten aus Mineralböden lassen sich nur

selten in "relative" und kaum in absolute Alter umdeuten. Schon die Angabe
einer mittleren **Verweilzeit** macht Schwierigkeiten (GEYH et al. 1971a; GEYH
et al. 1983), da die Wanderungs- und Umlagerungsgeschwindigkeiten der organischen Substanzen unbekannt sind (SCHARPENSEEL & SCHIFFMANN 1977). Der
Beginn der Bodenbildung, also das Maximalalter A_o, scheint vom Salzsäu-
re-Extrakts abgeleitet werden zu können (SCHARPENSEEL 1979), wozu allerdings eine aufwendige Bearbeitung von viele Kilogramm schweren Proben notwendig ist. Dieser Extrakt könnte der angenommenen, chemisch-stabilen, organischen Fraktion entsprechen (GERASIMOW 1974).

Begriffliche Abgenzungen sind notwendig, um den ^{14}C-Gehalt der Huminsäuren, die mit Natronlauge aus der von groben Wurzeln befreiten Tonfraktion
extrahiert werden (CAMBPELL et al. 1967), als zeitliche Angaben ausdrücken
zu können. Der im allgemeinen Sprachgebrauch benutzte unklare Begriff des
Bodenalters $\bar{A}$ könnte in der Mitte zwischen A_o und dem Ende der Akkumula-
tion organischer Substanzen A_1 liegen. Ein so definiertes Bodenalter
weicht von dem mittleren gewichteten Alter $\bar{a}$ der organischen Substanzen
ab, die in Abhängigkeit von der Bodenart und dem Entwicklungstadium verschieden alt und häufig sind. Wegen der komplexen pedochemischen Genese
wurde keine Gesetzmäßigkeit für die Alters-/Mengenverteilung gefunden
(SCHARPENSEEL et al. 1968; SCHARPENSEEL & SCHIFFMANN 1977), bis auf die
Tendenz, daß die jüngeren Komponenten mit zunehmender Tiefe weniger werden. Dabei ist mit zu berücksichtigen, daß die altersmäßige Zusammensetzung des Huminsäure-Extrakts von dem Herstellungsverfahren abhängt.

Aus seinem ^{14}C-Gehalt läßt sich die mittlere radiometrische **Verweilzeit**
$\bar{a}_r$ berechnen, die von $\bar{a}$ abweicht. Der Unterschied wird von der Bodenentwicklung und -dauer bestimmt. Er erklärt sich aus der exponentiellen
zeitlichen Abnahme des ^{14}C-Gehalts, der zu einer Übergewichtung der
jüngeren Komponenten im Vergleich zu den älteren führt.

Die Unterschiede zwischen $\bar{A}$, $\bar{a}$ und $\bar{a}_r$ sind in Fig. 9 für zwei angenommene holozäne Bodenentwicklungen zu ersehen. Die lineare Abnahme der Mengenanteile mit dem Alter (Fall A) mag der natürlichen Alters/Mengenverteilung
näher kommen als die zeitlich unabhängige (Fall B). $\bar{A}$ und $\bar{a}_r$ differerie-
ren maximal um zwei Jahrtausende !

Bei Bodenentwicklungen, die nur wenige Jahrhunderte gedauert haben, fallen die drei Alter zusammenfallen (GAMPER & OBERHAENSLI 1982). Eigene Untersuchungen in verschiedenen Gletscherregionen der Erde haben allerdings ergeben, daß die ^{14}C-Alter der Huminsäure-Extrakte und die der in Moränen eingelagerten, nicht Natronlauge-löslichen organischen Reste in einer Vielzahl von Fällen um viele Jahrtausende differieren (GEYH & RÖTHLISBERGER, in Vorb.).

Aus diesen Überlegungen und Befunden folgt, daß die mittlere radiometrische Verweilzeit eines Huminsäure-Bodenextrakts

- mit keiner in der Bodenkunde gebräuchlichen Altersangaben vergleichbar ist,

- keine zeitliche Zuordnung der Bodenentwicklungen zu einzelnen Abschnitten des Holozäns, im Extremfall nicht einmal eine Unterscheidung zu pleistozänen Böden erlaubt. Es ist daher z.B. falsch, von einem subborealen Boden zu sprechen, wenn das scheinbare ^{14}C-Alter 3000 Jahre v.h. beträgt, oder gleichalte Böden anzunehmen (SCHARPENSEEL & ZAKOSEK 1979), wenn ihre ^{14}C-Alter übereinstimmen (GILET-BLEIN et al. 1980; GEYH et al. 1983).

- keine dendrochronologische Korrektur (Kap. 4.1.1.7) zuläßt, weil Mischungen einer unbekannten Alters/Mengenverteilung vorliegen. Die ^{14}C-Alter sind weder mit solchen, anderer organischer Substanzen, noch mit Kalenderjahren zu vergleichen. Es ist deshalb auch unsinnig, eine statistische Auswertung von ^{14}C-Bodendaten zu versuchen (Kap. 5.4.6).

Zu diesen methodisch bedingten Interpretationsschwierigkeiten der ^{14}C-Gehalte der Huminsäure-Extrakte von Mineralböden kommen solche, die mit der **Kontamination** begrabener Böden zusammenhängen. Die ^{14}C-Alter können so verjüngt erscheinen, daß **pleistozäne** nicht von **holozänen** Böden zu unterscheiden sind (GEYH et al. 1983). Davon sind besonders Böden mit Kohlenstoffgehalten unter 0,5 % betroffen. Kontaminationen halten sich in Grenzen, wenn Karbonate in den Deckschichten die Wanderung von Huminsäuren

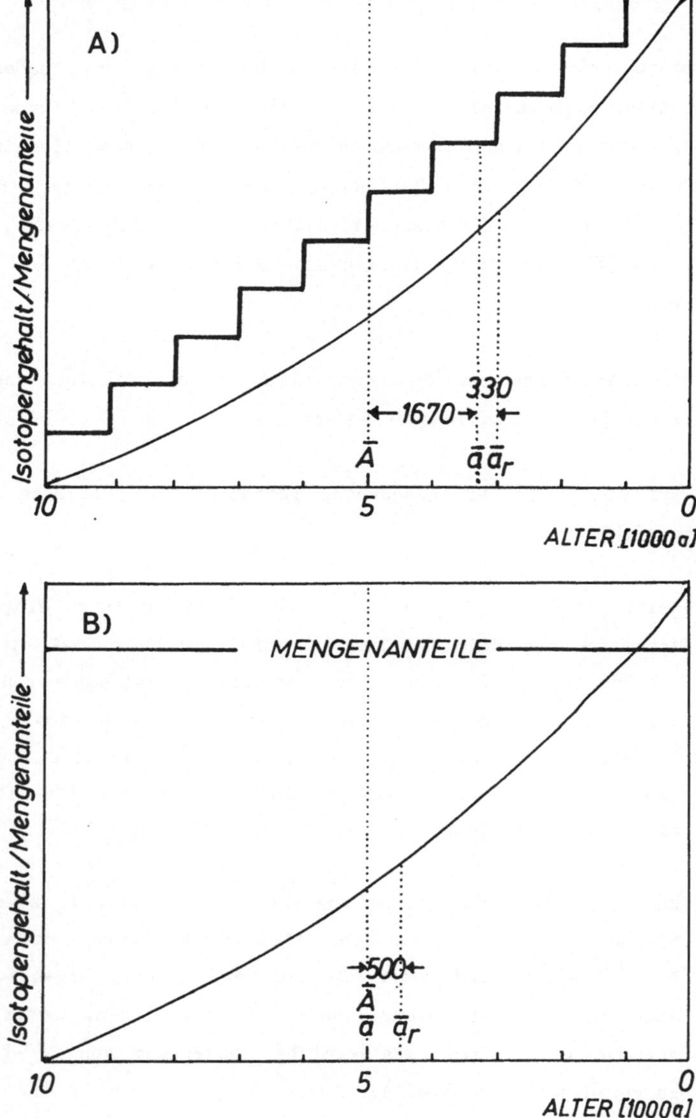

Fig. 19: Unterschied zwischen dem mittleren Bodenalter $\bar{A}$, mittlerer Verweilzeit $\bar{a}$ und mittlerer radiometrischer Verweilzeit $\bar{a}_r$ zweier Böden, die sich während 10 000 Jahren entwickelt haben:

Fall A: Die Mengenanteile (dicke Linie) nehmen zum Anfang der Bodenentwicklung hin linear ab.

Fall B: Die Mengenanteile sind zeitlich konstant.

behindert haben.

BODENKALK, CALCRETE (CALICHE)

Im oberflächennahen Bereich semi-arider und arider Gebiete kommen Kalkkrusten (Caliche, Calcret) vor, die Ausfällungen des Bikarbonats von verdunstetem Porenwasser sind. Nach Erosion kann dieser Kalkstein die heutige Oberfläche bilden. Genetische Untersuchungen (NETTERBERG 1978; BLÜMEL 1982) zeigen, daß Krustenkalke Konglomerate aus sekundär gefällten Karbonaten und **allochthonen** äolischen Fraktionen mit **diagenetischer** Uberprägung sind. Unter diesen Umständen kann keine Datierungsmethode mehr als orientierende Altersangaben liefern. Die Interpretation wird freilich verbessert, wenn aus Dünnschliff-Analysen die Kalzit/Aragonit-Anteile abgeschätzt worden sind.

Die ^{14}C-Alter müßten **Reservoir-korrigiert** werden (Kap. 4.1.1.8), weil die ausgefällten Karbonate eine geringere ^{14}C-**Anfangskonzentration** haben als Luft-CO_2 (Kap. 6.5). Minimal sind 1300 Jahre abzuziehen, maximal ist jeder Wert möglich, weil das verdunstete Grundwasser schon ein hohes Alter gehabt haben kann.

Calcretes zeigen scheinbar verkleinerte Alter, wenn sie irgendwann durchfeuchtet worden sind und Isotopenaustausch mit Boden- oder Luft-CO_2 stattgefunden hat.

LÖSSKINDL

Lößkindl haben bisher weder mit der ^{14}C- (Kap. 4.1.1) noch der U/Th- (Kap. 4.3) Methode vernünftige Alter geliefert. Ursache ist die vermutlich intermettierende Genese und unüberschaubare diagenetische Veränderungen, zu denen bei der ^{14}C-Methode mögliche Verjüngungen durch **Isotopenaustausch** mit der **Kohlensäure** im Sickerwasser gehören (HENDY et al. 1972). In ariden Gebieten sind begrenzte klimatische Informationen zu erwarten (MAGARITZ et al. 1981).

SCHNECKEN ➞ Kap. 6.2.2.

6.4 Speläochronologie

Isotopen-Analysen an Höhlensinter liefern einen Beitrag zur Paläoklimaforschung und helfen, die **terrestrische Quartär**chronologie (GASCOYNE 1981) zu verbessern. Den Anfang machte FRANKE (1951) mit seiner Modellvorstellung zur ^{14}C-Datierung von Höhlensinter. Die theoretischen Grundlagen der Isotopenchemie erarbeitete HENDY (1971) und die der Morphologie FRANKE (1971). Eine systematische Sammlung von ^{14}C-Daten in den Sechziger Jahren (GEYH & FRANKE 1970) bestätigte, daß Höhlensinter bevorzugt in klimatisch günstigen Zeiten mit intensiver Vegetation und viel Niederschlag wächst, von Ausnahmen in der Castle-Guard-Höhle abgesehen, die keine paläoklimatische Schlußfolgerung zulassen (GEYH et. al. 1982). Die unterschiedlichen Bildungstemperaturen des Höhlensinter im Pleistozän und Holozän, die sich aus der Wasserstoff-Isotopenzusammensetzung des im Sinter eingeschlossenen Porenwassers (HARMON & SCHWARCZ 1981) ableiten lassen, erlauben relative Datierungen. Zeitliche Altershäufungen von Höhlensinter stellen wertvolle paläohydrologische Basisdaten dar, die am Grundwasser (Kap. 6.5.) selbst nicht ermittelt werden können, weil Brunnen für gezielte Probenahmen fehlen.

6.4.1 Angewandte Datierungsmethoden

Die grundlegenden chronologischen Erkenntnisse über das Sinterwachstum wurden mit der ^{14}C-Methode (FRANKE 1951; MÜNNICH & VOGEL 1959; Kap. 4.1.1) erhalten, obgleich diese nur zuverlässige Alter bis etwa 25 000 Jahre v.h. liefert. Es bestehen viele methodische Parallelen zur ^{14}C-Altersbestimmung von Grundwasser (Kap. 6.5), da die Sintergenese mit dem Kalk/Kohlensäure-Chemismus der Grundwasserneubildung (Gl. 29) zusammenhängt. Die ^{14}C-Anfangskonzentration reicht von 65-90 pcm (GEYH 1970; 1970a) entsprechend einer Reservoir-Korrekturen von -3500 bis -1000 Jahren. Die tatsächliche Größe richtet sich im Einzelfall nach der Bedeckung und dem Bewuchs über der Höhle. Deshalb sind ausführliche Beschreibungen der Fundbedingungen, der Lage, Temperatur und Geologie der Höhle notwendig. Vor der ^{14}C-Analyse sollen die Proben trocken gelagert werden.

Die Quartärgeologie profitiert vor allem von U/Th-Datierungen (Kap. 4.3) an Sinter und Travertinen bis zu Altern von 350 000 Jahren (IVANOVICH & HARMON 1982). Methodische Verbesserungen stehen aus, da die U/Th-Alter holozäner Proben oft um viele Jahrtausende zu alt (GEYH & FRANKE 1981) und die verschiedener Labors im Wertebereich über 150 000 Jahre (HENNIG et al. 1983) noch nicht vergleichbar sind (Kap. 5.4.5).

Langsam wachsende Decken- und Bodensinter sind mit der U/Th-Methode verläßlicher zu datieren als mit der ^{14}C-Methode (Kap. 5.4.5).

Neue Datierungsmöglichkeiten eröffnet die ESR-Methode (Kap. 4.4.2), die mit Proben von einigen Zehntel Gramm auskommt. An methodischen Verbesserungen wird gearbeitet, die sich insbesondere auf das Erkennen diskordanter Alter beziehen. Paläomagnetische Datierungen (Kap. 4.5.1) werden neuerdings versucht (LATHAM et al. 1979).

Wegen der bei allen Methoden bestehenden Datierungsschwierigkeiten werden verschiedene Analysen an denselben Proben empfohlen.

6.4.2   <u>PROBEN: Stalagmiten, Staktiten, Wand- und Bodensinter, Höhlenperlen, Travertin</u>

<u>STALAGMITEN</u>

Der Stalagmit ist der für die Datierung am besten geeignete Höhlensinter, da er am schnellsten und in haubenförmigen Schichten übereinander wächst (Fig. 20). Die Proben werden im Gegensatz zu Baumstämmen aus der Kernzone entlang der Längsachse und nicht radial vom Querschnitt entnommen (FRANKE 1966). Lange Stalagmiten sind besonders geeignete Objekte, weil sie entweder lange Entwicklungsperioden oder große Wachstumraten repräsentieren. Im ersten Fall lassen sich paläoklimatische Ergebnisse erhoffen, im zweiten Fall methodische Vergleiche durchführen (Kap. 5.4.5). Die holozäne Wachstumsrate beträgt in humiden Gebieten größenordnungsmäßig 1 cm/Jhdt., während der Interstadiale war sie eine Größenordnung kleiner (GEYH & FRANKE 1970). Ein 1 cm dickes Segment, wie es für die Datierung benötigt wird,

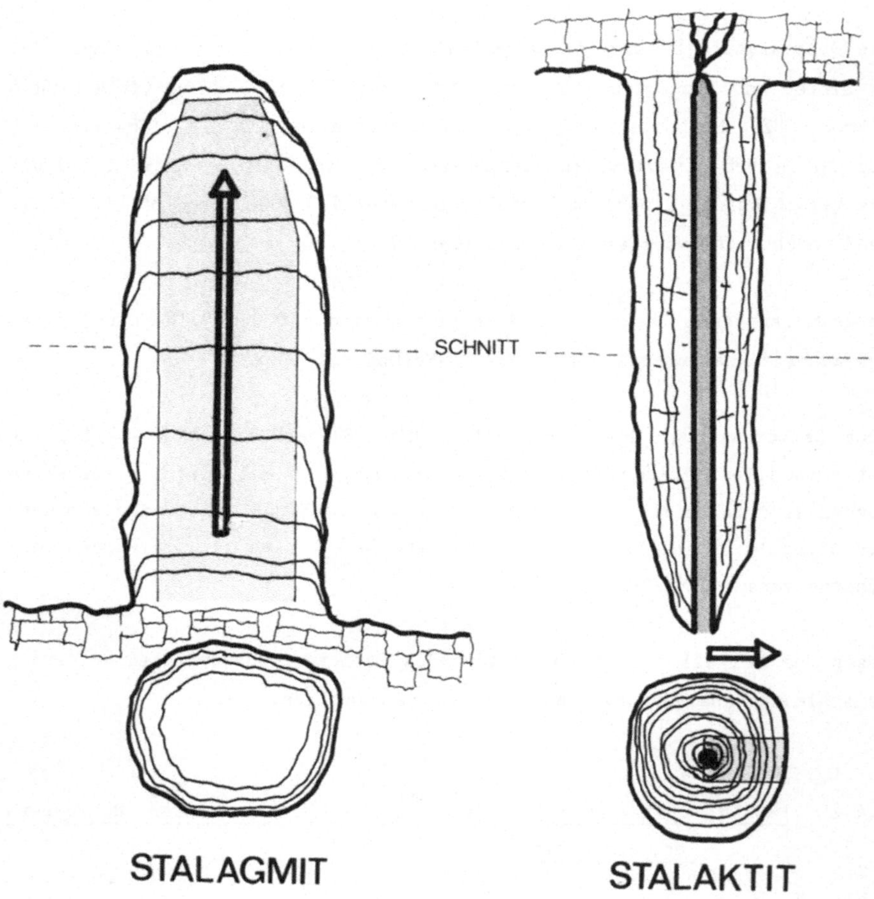

Fig. 20: Längs- und Querschnitte eines Stalagmiten und Stalaktiten mit den Bereichen optimaler Probenahme (FRANKE 1966) und Wachstumsrichtungen.

stellt demnach eine Wachstumsspanne von 100 bzw. 1000 Jahren dar entsprechend den Breite des Mutungsintervalls. Morphologisch lassen sich holozäne Stalagmiten durch einen schlanken und hohen Wuchs von interstadialen, die oft kleine Knuppel sind, unterscheiden. Der Grund ist, daß die Wachstumsgeschwindigkeit und der Querschnitt von der Tropffrequenz bzw. der CO_2-Konzentration des Tropfwassers abhängt (FRANKE 1971; DREYBRODT 1981).

Sinter, die am Boden längere Zeit durchfeuchtet waren (Wachstum im Sin-

terbecken), können als Folge von **Isotopenaustausch** scheinbar zu kleine'
^{14}C-Alter (GEYH & FRANKE 1981) ergeben, was sich besonders bei pleistozänen Exemplaren auswirkt (Kap. 4.1.1.9).

STALAKTITEN

Der Stalaktit ist kein gutes Datierungsobjekt, weil er langsam, ungleichmäßig und überwiegend in radialer Richtung wächst. Oft ist keine klare altersmäßige Zonierung erkennbar (Fig. 20). Es sind daher gerade orientierende Alterswerte über die Bildungsepoche zu erwarten, die bei ^{14}C nur
verläßlich sind, wenn diese kurz war (Kap. 5.4.5; Fig. 16).

WAND- UND BODENSINTER

Wand- und Bodensinter ist eigentlich nur mit der U/Th- (Kap. 4.3) und der
ESR- (Kap. 4.4.2) Methode zuverlässig zu datieren, weil die Sedimentationsraten zu klein und die durch die Proben repräsentierten Zeitabschnitte
zu groß sind (Fig. 16). Die ständige Durchfeuchtung der Proben macht die
^{14}C-Daten pleistozäner Proben unzuverlässig.

HÖHLENPERLEN

Höhlenperlen sind gut datierbar, sofern ihr Kern aus karbonatfreiem Gestein besteht und das Tropfwasser einen kurzen Sickerweg hatte. In Kohlen-
gruben ergaben z.B. rezente Höhlenperlen ^{14}C-Alter von vielen Jahrtausenden, weil das Tropfwasser sehr alt war. Die Daten von Höhlenperlen
eines Nestes können sich sehr unterscheiden. Das kleinste Alter gibt den
Zeitpunkt der letzten Wasserfüllung an.

TRAVERTIN

Travertine sind für ^{14}C-Altersbestimmungen nur bedingt geeignet, da das

Quellwasser, aus dem sie ausgefallen sind, oft schon ein großes Alter hatte. Außerdem sorgt ständige Durchfeuchtung für scheinbare Verjüngungen als Folge von **Isotopenaustausch**. U/Th-Altersbestimmungen (Kap. 4.3.) sind eher erfolgreich. Voraussetzung ist, daß **allochthone** Karbonate fehlen, wozu Dünnschliff-Analysen empfohlen werden. ESR-Datierungen (Kap. 4.4.2) scheitern oft an Spurengehalten organischer Substanzen.

PROBEN zur ZEITSKALENKALIBRATION

Für die **Kalibrierung** der verschiedenen **radiometrischen** Zeitskalen von Höhlensinter (Kap. 5.4.5) sind Vergleichsdatierungen notwendig, insbesonders an eingesinterten Knochen, Holzkohlen oder Scherben. Die Differenz zwischen methodisch unterschiedlichen Ergebnissen liefert aufschlußreiche geochemische Informationen.

6.5   Angewandte Hydrogeologie und Hydrologie

Der Einsatz **geochronologischer** Methoden in der angewandten Hydrogeologie hat i.a. weniger die Altersbestimmung des Grundwassers zum Ziel als vielmehr die Beantwortung hydrogenetischer und hydrodynamischer Fragen. Die lösbaren Aufgaben sind vielseitig. Sie reichen von der Bestimmung der vertikalen Versickerungsgeschwindigkeit der Niederschläge in der ungesättigten Zone (SMITH et al. 1970), der mittleren **Verweilzeit** des langfristigen Karstwassers (GEYH et al. 1982), der Fließrichtung und **Abstandsgeschwindigkeit** von gespanntem Grundwasser (ANDRES & GEYH 1970; BATH et al. 1979), über die Eingrenzung von Einzugsgebieten, die Bestimmung hydraulischer Durchlässigkeiten (GEYH & BACKHAUS 1979; GEYH 1980b; 1980c) bis zur Verfolgung der Auswirkungen starker Entnahmen auf die Grundwasserbilanz (TAMERS et al. 1975). Außerdem werden Mischungen (MAZOR et al. 1973; GEYH 1969; GEYH & Michel 1981) und hydrogenetische Zusammenhänge (HANSHAW et al. 1965, GEYH & MICHEL 1982; ZUBER et al. 1979) studiert. Isotopenanalytische Studien helfen, hydrochemische Vorgänge im Grundwasser zu rekonstruieren (WIGLEY et al. 1978; MOSER & RAUERT 1980).

6.5.1 Angewandte Methoden

Die älteste Methode der Altersbestimmung von Grundwasser bis 40 000 Jahre v.h. ist die ^{14}C-Methode (Kap. 4.1.1; MÜNNICH 1957, 1968). Sie wird häufig eingesetzt, weil nicht mehr als 50 Liter für eine Analyse gebraucht werden. Eine grobe altersmäßige Einteilung in **pleistozäne** und **holozäne** Grundwässer gelingt mit Hilfe der δ^{18}O- bzw. δ^{2}H- Werte (Kap. 4.5.2), die u.a. die Temperatur der Grundwasserneubildung widerspiegeln (GAT & GONFIANTINI 1981). Allerdings muß der **Kontinental-Effekt** berücksichtigt werden (SONNTAG et al. 1980). Mit Hilfe von Tritium-Analysen (Kap.4.1.2), für die wenige Milliliter bis zu einigen Litern gebraucht werden, ist nach 1950 neugebildetes Grundwasser zweifelsfrei nachzuweisen (GEYH 1969; ZUBER et al. 1979) und ggfs. die mittlere **Verweilzeit** bis 150 Jahre (GEYH et al. 1982) abzuschätzen. Diese Aufgabe fällt in Zukunft der wesentlich aufwendigeren ^{85}Kr-Methode (Kap. 4.5.3) zu (ROZANSKI & FLORKOWSKI 1979), für die etwa 100 Liter aufzubereiten sind. Große Hoffnungen werden in die ^{39}Ar-Methode (Kap. 4.1.3) gesetzt (LOOSLI 1983), die einen **Datierungsbereich** von 2000 Jahren überdeckt. Gute Ergebnisse wurden an Proben aus Grundwasserleitern erhalten, die kein Uran enthielten, dessen **Neutronen-Strahlung** ^{39}Ar produziert. Die Methode hat noch Entwicklungsreserven, allein schon was den **Aufbereitungsaufwand** der mehreren 1000 Liter im Gelände betrifft. Das gilt gleichermaßen für die ^{32}Si-Methode (Kap. 4.1.4), die einen ähnlichen **Datierungsbereich** hat. Bei ihr sind noch Probleme der Silizium-Bodenchemie zu lösen. Mit dem Einsatz der **Beschleuniger**-Methoden (Kap. 3.2) wurde die ^{36}Cl-Methode (Kap. 4.1.6) zur Datierung ganz junger und sehr alter Grundwässer bis zu 2,5 Millionen Jahren interessant (BENTLEY et al. 1983; Kap. 4.1.5). Dies leistet mit Einschränkungen auch die Uran/Helium-Methode (BATH et al. 1979; Kap. 4.1.2).

6.5.2 Methodische Grundlage der Wasseraltersbestimmung

Von den in der Hydrologie eingesetzten **geochronologischen** Methoden wird nur auf die ^{14}C- (Kap. 4.1.1) und die ^{3}H-Methode (Kap. 4.1.2) eingegangen, weil die anderen Methoden bisher nur an wenigen Objekten, meist ohne praktischen Bezug, eingesetzt worden sind. Außerdem haben die hier

angesprochen hydrodynamischen Interpretationsmodelle auch für sie Gültig-
keit.

6.5.2.1 ^{14}C-Anfangskonzentration und Grundwasserneubildung

Der für die ^{14}C-Analysen notwendige Kohlenstoff ist im Grundwasser in
Form von freier (CO_2) und gebundener Kohlensäure (überwiegend HCO_3^-)
enthalten. Regenwasser hat etwa 6 mg CO_2/l, im Grundwasser sind es Größenordnungen mehr. Die Anreicherung erfolgt bei der Neubildung im Boden,
in dem als Folge der Wurzelatmung und der Zersetzung rezenter organischer
Substanzen bis zu 3 %$_{Vol}$ Kohlendioxid (^{14}C = 100 pcm; δ^{13}C =   -25
°/oo; Kap. 4.1.1.4) anstelle von 0,03 %$_{Vol}$ in der Atmosphäre vorkommen. Versickerndes Regenwasser löst dieses CO_2 und wird zu Kohlensäure,
die auf dem Weg zum Grundwasserleiter marinen und fossilen Bodenkalk
(^{14}C = 0 pcm; δ^{13}C = 0 °/oo) zersetzt (MÜNNICH 1957) und Bikarbonat
bildet

Gleichung 28: $CaCO_3 + CO_2 + H_2O \rightleftharpoons Ca(HCO_3)_2$

Wenn x und y die Molkonzentrationen des CO_2 und HCO_3 im Grundwasser
sind, ergibt sich die ^{14}C-Anfangskonzentration nach Einstellung des
Kalk/Kohlensäure-Gleichgewichts ohne Berücksichtigung der geringen Isotopenfraktionierungen aus

Gleichung 29: $$A_o = \frac{x + y}{2x + y}$$

y und x genügen der Beziehung $y = K \cdot x^3$ mit K als Temperatur-abhängiger
Konstante (WENDT e al. 1967). Eine verbesserte Vorstellung stammt von
PEARSON & SWARZENKI (1974).

Nach Gl. 29 beträgt A_o für neugebildetes Grundwasser 55 bis 65 pcm (GEYH
1972) und würde ohne Reservoir-Korrektur 4500-3500 Jahre zu große ^{14}C-
Alter vortäuschen. MOOK (1972) und FONTES & GARNIER (1979) haben Vorschlä-
ge gemacht, A_o unter Berücksichtigung von Isotopenfraktonierungen genauer zu bestimmen. In der Praxis stößt dies auf kaum überwindliche Schwie-

rigkeiten, weil die Isotopengehalte der beteiligten Komponenten (Gl. 28) nur sehr ungenau bekannt sind (GEYH 1972; TAMERS 1975; RIGTHMIRE 1978; DÖRR & MÜNNICH 1980). Ursachen sind geochemische Prozesse wie z.B. Isotopenaustausch zwischen dem gelösten Bikarbonat im Sickerwasser und dem freien CO_2 in den Poren der ungesättigten Zone (WENDT et al. 1967) und eine ^{14}C-Akkumulation am Bodenkalk während der warmen Jahreszeit (GEYH 1972; SALOMONS & MOOK 1976). Sie führen zu A_o-Werten um 85 pcm entsprechend einer Reservoir-Korrektur von -1300 Jahren. Im Kristallin werden sogar ^{14}C-Anfangskonzentrationen um 100 pcm gefunden (GEYH 1972), weil dort Karbonate unmittelbar nach ihrer Bildung aus Feldspäten und atmosphärischem CO_2 vom Wasser gelöst werden.

Aufgrund dieser Umstände sind die empirischen Verfahren zur Abschätzung der ^{14}C-Anfangskonzentration des Grundwassers noch die besten (GEYH 1972; PEARSON & SCHWARZENSKI 1974; FONTES & GARNIER 1979), insbesondere wenn mehrere Isotope gleichzeitig untersucht werden (MÜNNICH et al. 1967; GEYH 1972).

6.5.2.2   Hydrochemische und hydrodynamische Interpretationsmodelle

Die ^{14}C-Konzentration der im Grundwasser gelösten Kohlensäure ändert sich durch **radioaktiven Zerfall**, aber auch bei geochemischen Reaktionen, deren Auswirkungen schwer überschaubar sind, und durch hydrodynamische Prozesse, die sich oft leichter berücksichtigen lassen (GEYH 1980b; 1980c; MOSER & RAUERT 1980).

HYDROCHEMISCHE MODELLE

Ein Beispiel für hydrochemische Sekundärreaktionen im Grundwasserleiter ist **Isotopenaustausch** zwischen der **Kohlensäure** im Grundwasser und dem Kalkstein im Aquifer (MÜNNICH 1968; THILO & MÜNNICH 1970). Die dadurch entstehenden Datierungsfehler sind in wasserwirtschaftlich nutzbaren Aquiferen zu vernachlässigen, wenn der Austausch - was inzwischen angenommen werden darf - auf eine monomolekulare Oberflächenschicht begrenzt bleibt.

Ein weiteres Beispiel liefert die Migration fossiler Kohlensäure aus dem Erdinneren, die sich in erniedrigten ^{14}C-Gehalten und erhöhten δ^{13}C-Werten des Grundwassers zeigt, meist ohne eine Korrektur vornehmen zu können. Scheinbar erhöhte ^{14}C-Alter und sehr niedrige δ^{13}C-Werte weisen auf ^{14}C-freie Kohlensäure hin, die durch Zersetzung organischer Substanzen im Aquifer entstanden ist (MATTHES et al. 1968). Methan spielt im Süßwasser kaum eine Rolle (GEYH & KÜNZL 1981).

In vielen Publikationen werden chemische Reaktionen im Aquifer behandelt, die zu Änderungen der ^{14}C-Gehalte führen sollen (WIGLEY 1976; WIGLEY et al. 1978; REARDON & FRITZ 1978; PLUMMER et al. 1983). BÖGLI (1964) hatte als erster erkannt, daß Mischungen von Grundwässern unterschiedlicher Karbonathärte zur Neulösung von Kalk führen, ebenso wie die Lösung von Salzen. Sehr starke Änderungen der ^{14}C-Gehalte sind bei kontinuierlicher Lösung und Wiederausfällung von Karbonaten zu erwarten, für die es bisher kaum Indizien gibt. Auch andere angenommene chemische Reaktionen, aus deren meßbaren Endzustand auf die Anfangszustand geschlossen wird, haben sich noch nicht nachweisen lassen.

Die wenigen Fallstudien, in denen hydrochemische Korrekturen angewendet worden sind, liefern keinen Beweis für deren Nutzen. Es gibt wesentlich mehr Beispiele aus der angewandten Hydrogeologie, die ohne solche Korrekturen brauchbare Ergebnisse geliefert haben. δ^{18}O-Werte haben überdies die Alterseinstufungen in großen Rahmen bestätigt (MAZOR et al. 1980; FRITZ et al. 1979; EDMUNDS & WRIGHT 1979). Selbst bei Mineralwässern müssen nicht unbedingt Korrekturen notwendig sein (GEYH & MICHEL 1977).

HYDRODYNAMISCHE MODELLE

Die hydrodynamisch bedingten Vermischungen von Grundwässern unterschiedlichen Alters (BURDON 1977) führen zu begründeten Korrekturen der ^{14}C-Gehalte. Für viele, häufig vorkommende Fälle wurden geeignete Modelle entwickelt (GUGELMANN 1973; GEYH in MOSER & RAUERT 1980). Einzelne Analysenergebnisse sind kaum aussagekräftig.

Die wichtigsten Modelle sind :

KOLBENFLUSS (piston-flow-) MODELL

Beim Kolbenfluß-Modell (piston-flow model) wird angenommen, daß sich das
Grundwasser wie ein Kolben in einem Zylinder bewegt mit oder ohne Disper-
sion (Dispersions-Modell). Anwendungen finden sich bei der Versickerung
des Regenwassers in der ungesättigten Zone (SMITH et al. 1970). Mit Hilfe
von Tritium-Profilen (Kap. 4.1.2), die am Porenhaftwasser bestimmt werden,
läßt sich die Grundwasserneubildungsrate bestimmen. Ein anderes Beispiel
ist die Bewegung des Grundwassers im gespannten Aquifer (ANDRES & GEYH
1970; BATH et al. 1979). Das Wasseralter ergibt sich aus der Abnahme des
^{14}C-Gehalts durch radioaktiven Zerfall nach Gl. 3.

VERTIKAL-MODELL

VOGEL (1970) untersuchte offene Aquifere im Festgestein mit konstantem und
mit der Tiefe exponentiell abnehmenden Kluftvolumen p. Die sich ergebenden
^{14}C-Alters/Tiefenverteilungen sind ortsunabhängig und erlauben eine Abschätzung der Grundwasserneubildungsrate W (BREDENKAMP & VOGEL 1970).

Bei konstantem Kluftvolumen beträgt das Wasseralter A in einem Horizont,
der z Meter über der Basis des Grundwasserleiters (Mächtigekeit H) liegt

Gleichung 30:

$$A = \frac{p}{W} H \ln \frac{H}{z}$$

Im anderen Fall ergibt sich

Gleichung 31:

$$A = \frac{p_o \, z}{W}$$

mit dem Kluftvolumen p_o in der Tiefe z = 0.

Die Mischung einer Wassersäule mit einer solchen Alters-/Tiefelverteilung
ergibt ein mittleres radiometrisches Alter a_r (Kap. 6.3), das kleiner
ist als das tatsächliche A.

Gleichung 32: $a_r = \frac{1}{\lambda} \ln(1 + \lambda\,A)$

a_r und A stimmen im Zeitbereich, der kleiner als eine Halbwertszeit ist, gut überein. Darüber wächst der Unterschied schnell. Eine Wassersäule mit Altern zwischen 0 und 800 000 Jahren hat z.B. ein ^{14}C-Alter von nur 37 000 Jahren v.h. anstelle des tatsächlichen Mittels von 400 000 Jahren.

EXPONENTIALMODELL

Das Exponential-Modell ist das älteste in der Isotopenhydrogeologie. Mit ihm lassen sich die Isotopengehalte des Trockenwetterabflusses (langfristige Komponente) von Quellwässern in mittlere Verweilzeiten umrechnen, die sich von den wesentlich kürzeren Tracer-Laufzeiten (kurzfristige Komponente) unterscheiden. Der Trockenwetterabfluß setzt sich aus verschieden schnell fließenden Kluftwässern zusammen, deren Anteile und individuellen Verweilzeiten mit der Weite der Klüfte, aus denen sie kommen, größer bzw. kürzer werden. Die sich ergebende Beziehung zwischen Menge und Verweilzeit ähnelt einer Exponentialkurve. Durch den **Kernwaffen-Effekt** (Fig. 2; Kap. 4.1.1.2) sind die in den letzten drei Jahrzehnten neugebildeten Grundwässer einzelner Jahrgänge spezifisch markiert und ergeben eine Injektionskurve, die für das Exponentialmodell die Eingangswerte liefert, um aus den meßbaren ^{14}C-Gehalten der Quellwässer deren mittlere Verweilzeiten abschätzen zu können (MOSER & RAUERT 1980). Als weitere Unbekannte geht die ^{14}C-Anfangskonzentration A_o ein. Sie ergibt sich automatisch, wenn das gleiche Verfahren auf die ^{3}H-Gehalte (Kap. 4.1.2) und mindestens zwei Quellen desselben Einzugsgebiets angewandt wird. A_o erweist sich von der Bedeckung und den im Einzugsgebiet anstehenden Gesteinen abhängig. Die mittlere Verweilzeit ist eine Funktion des Kluftvolumens, der Schüttung und der Größe des Einzugsgebiets (GEYH et al. 1982).

BASE-FLOW-MODELL

Eine Modifikation des Exponential-Modells ist das base-flow-Modell (GEYH 1980b; 1980c). In stark verkarsteten Gebieten besteht ein Strom alten, sich langsam bewegenden Karstgrundwassers, das von schnell fließendem, sehr jungen Karstwasser überlagert ist. Der ^{14}C-Gehalt des letzteren wird unter Vorgabe einer mittleren Verweilzeit nach dem Exponentialmodell geschätzt. Vom alten Karstwasser wird angenommen, daß es wegen seines hohen Alters kein Tritium (Kap. 4.1.2) enthält, so daß sich dessen Mengenanteil und Alter berechnen läßt. Proben aus Brunnen ergeben immer größere mittlere Verweilzeiten als die entsprechender, natürlich ausfließender Quellwässer, weil durch das Pumpen der Mengenanteil des "base flow" künstlich erhöht wird.

MISCHUNGS-MODELL

Mischungen genetisch unterschiedlicher Wässer (Ozeanwasser, Grundwasser, Salzlauge, Mineralwasser) werfen die Frage nach dem Mengenverhältnis, den Eigenschaften und den Ursprung der Komponenten auf. Sind es nur zwei, liefern parallel ermittelte isotopenphysikalische und hydrochemische Ergebnisse eine Lösung (MAZOR et al. 1973; GEYH & MICHEL 1981). Aus dem ^{14}C-Gehalt ergiben sich deren Anteile, aus dem Cl-Gehalt deren Alter. Im Zweikomponenten-Fall liefern diese Analysenwerte, übereinander aufgetragen, eine Gerade. Die hydrochemischen Ergebnisse der anderen Ionen und Anionen sind weniger schlüssig.

Das Mischungs-Modell wurde eingesetzt, um den Ursprung von Thermalwässern (JOB & ZÖTL 1969), die Anteile an Ozeanwasser (HANSHAW et al. 1965) und an meteorischem Wasser in Grubenlaugen (GEYH 1969; ZUBER et al. 1979) sowie von Mineral- in Karstwasser (GEYH & MICHEL 1981) zu bestimmen.

REIFUNGS-MODELL

In vielen Aquiferen nehmen die δ^{13}C-Werte in Richtung des Grundwasserstroms zu. Werden diese über den Altern bzw. ^{14}C- und ^{3}H-Gehalten aufgetragen, ergeben sich Bänder, die eine genetische Unterscheidung von Grundwässern unterschiedlicher Herkunft erlauben (GEYH & MICHEL 1982).

HYDRAULIK-MODELL

Grundwasserleiter mit gespanntem Grundwasser haben einen vertikalen Zufluß aus dem Hangenden, wenn der Grundwasserspiegel des tieferen Stockwerks unter dem des höheren liegt. Das Alter des zufließenden Grundwassers kann älter oder jünger sein als das im gespannten Grundwasserleiter. Das Mischwasser im gespannten Grundwasserleiter hat einen ^{14}C-Gehalt, der sich aus dem hydraulischen Durchlässigkeitkeitsbeiwert (k_f-Wert) der Sperrschicht und mehreren hydrogeologischen Kenndaten errechnen läßt (FIG. 21). Umgekehrt liefert der gemessene ^{14}C-Gehalt den k_f-Wert. Das **Hydroisochronenfeld** (GEYH & BACKHAUS 1979) hat nichts mehr mit der tatsächlichen, aus der Hydrodynamik folgenden, Altersverteilung im Aquifer zu tun. Tritium-Gehalte in tiefen Grundwässern (MATTHES et al. 1968) finden durch dieses Modell eine Erklärung.

MINING-MODELL

Das mining-Modell ist ein Spezialfall des Hydraulik-Modells. Starke Wasserentnahmen in Ballungsgebieten führen zu Absenkungen der Grundwasserspiegel und damit zu einem verstärkten Zustrom von Grundwasser aus dem oberen Stockwerk. Dieser Prozeß beginnt mit einem steilen Anstieg der ^{14}C-Alter, der nach wenigen Jahren in eine allmähliche Abnahme übergeht. Aus dem Verlauf der ^{14}C-Alter ergibt sich der mengenmäßige Zustrom und die hydraulische Durchlässigkeit der Sperrschicht (GEYH & BACKHAUS 1979).

CHROMATOGRAPHIE-MODELL

Beim Durchfließen eines Grundwasserleiters werden Bikarbonat-Ionen kurze Zeit an den Oberflächen des Aquifergesteins adsorbiert, also verzögert. Die aus den ^{14}C-Gehalten folgende Laufzeit muß demnach größer sein als die tatsächliche des Grundwassers. Die Bestätigung, daß dieser Effekt wesentlich vergrößerte ^{14}C-Wasseralter zur Folge hat, steht noch aus (LOOSLI 1983).

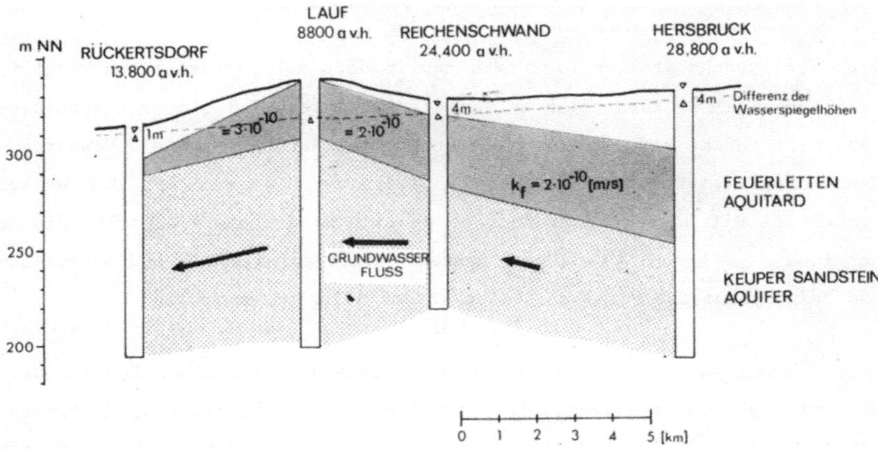

Fig. 21: Bestimmung des k_f-Werts der "leaky" Sperrschicht aus den ^{14}C-Wasseraltern, die nicht in Fließrichtung zunehmen, hydrogeologischen Parametern und der Differenz P der Grundwasserspiegel im gespannten und ungespannten Aquifer.

KLUFT-MODELL

Das Kluft-Modell ist ein vorläufig theoretischer Versuch, sehr hohe Verweilzeiten des Grundwassers in feinklüftigen Gesteinen durch Molekularaustausch zu erklären (NERETNIEKS 1981).

BOXEN-MODELL

Komplexe Grundwassersysteme werden in genetisch, hydrodynamisch oder hydrochemisch unterschiedliche, miteinander gekoppelte Boxen gegliedert und eine Reihe gekoppelter Kontinuitätsgleichungen aufgestellt. Die Boxen-Paramter - Zu- und Abfluß, mittlere Verweilzeit des Grundwassers, hydrochemische und isotopenphysikalische Eigenschaften, Voluma u.a. - werden dann solange variiert, bis die Meßwerte der Injektionskurven und des Abflusses der einzelnen Boxen durch das Modell beschrieben werden (PRZEWLOCKI & YURTSEVER 1974).

6.5.3 Entnahme von Grundwasser für Isotopenanalysen

Die Probeentnahmestellen sind nach den in Kap. 5.1 beschriebenen Richtlinien auszuwählen. Zusätzlich ist darauf zu achten, daß die Brunnenausbau-
ten nicht defekt sind. Bevor Proben entnommen werden, sind die Wassersäu-
len in den Verrohrungen mindestens dreimal abzupumpen. Ist das Wasser
trübe, ist mit Säuren zu prüfen, ob es sich um Karbonate handelt, die zu
scheinbar zu hohen ^{14}C-Altern führen. Hydrogeologische, hydrochemische
und hydrodynamische Parallelstudien werden dringend empfohlen.

Für ^{14}C-Analysen (Kap. 4.1.1) ist die freie und gebundene Kohlensäure,
am besten gleich im Gelände, zu extrahieren. Das einfachste Verfahren ist
deren Fällung. 50-200 l Wasser werden ohne Luftkontakt mit 2-8 l z.B. ge-
sättigter Barytlauge versetzt. Sind Sulfate enthalten, wird vorher eine
Lösung aus dem zu untersuchenden Wasser und der stöchiometrisch berechneten Menge $BaCl_2$ zugegeben. Das Absetzen der Fällung wird am besten über
Nacht abgewartet oder der Vorgang muß mit einem Flockungsmittel beschleunigt werden. Der Bodensatz wird nach Abdekantieren der überstehenden, gif-
tigen (!), Barium-haltigen Flüssigkeit in 500 ml-Flaschen gefüllt und an
das Labor geschickt. Bei guter Vorbereitung kann ein Techniker täglich bis
10 Proben entnehmen.

Ein anderes Verfahren arbeitet mit Ionenaustauschern (FRÖHLICH et al.
1974), die die freie Kohlensäure allerdings nicht binden und deshalb eine
separate Fällung für die δ^{13}C-Bestimmung notwendig machen.

Beim dritten Verfahren wird die gelöste Kohlensäure der angesäuerten oder
erwärmten Wasserprobe im geschlossenen Kreislauf mit Stickstoff ausgetrieben und in Ammonium-Lösung gefällt (LINICK 1980).

Vor der ^{14}C-Probenentnahme sind der pH-Wert (möglichst auf zwei Stellen
genau), die Temperatur und die Gehalte an freier und gebundener Kohlensäure zu bestimmen, auch um die Grundwassermenge berechnen zu können, die die
minimal benötigten 500 mg Kohlenstoff für die ^{14}C-Analyse liefert.

Der Gehalt an freier Kohlensäure wird durch Titration von 200 ml Wasser mit n/20 NaOH auf Farbumschlag Phenolphthalein bestimmt. 1 ml NaOH entspricht 11 mg CO_2/1 bzw. 3 mg C/1. Die Bestimmung des Gehalts an gebundener Kohlensäure erfolgt durch Titration von 100 ml Wasser mit n/10 HCL auf Farbumschlag von Methylorange oder besser Mischkatalysator. 1 ml HCl entsprechen 61 mg HCO_3/1 bzw. 12 mg/1 C/1. Ein Grad Deutscher Karbonathärte sind 22 mg HCO_3/1.

Für Tritium-Analysen (Kap. 4.1.2) sind je nach eingesetzter Meßmethode (Kap. 3.1) 50 ml bis 5 1 Wasser zu entnehmen. δ^{18}O- und δD-Proben (Kap. 4.5.2) sollten je 50 ml groß sein. Die Flaschen sind vollständig zu füllen und dicht zu verschließen (HERRMANN 1982).

^{39}Ar- (Kap. 4.1.3) und ^{32}Si- (Kap. 4.1.4) Proben werden mit komplizierten Entgasungs- bzw. Ausfällungsprozeduren aus mehreren Kubikmetern Wasser gewonnen, die die Labors selbst durchführen.

6.6   Limnologie

Altersbestimmungen limnischer Ablagerungen werden im Rahmen sedimentologischer, vegetationsgeschichtlicher, genetischer oder paläoklimatischer Studien gewünscht. Neuerdings kommen Untersuchungen hinzu, die mit der Euthrophierung von Seen zu tun haben und den **Kernwaffen-Effekt** ausnutzen (Kap. 4.1.1.2).

6.6.1   Angewandte Datierungsmethoden

Die ^{14}C-Methode (Kap. 4.1.1) ist bei der Altersbestimmung limnischer Sedimente und anderer Seeproben Routine. Gewisse Möglichkeiten zeichnen sich mit δ^{18}O-Analysen (EICHER et al. 1981; Kap. 4.5.2) ab. Junge Sedimente werden mit "fall-out" (Kap. 4.5.3) und der ^{210}Pb-Methode (Kap. 4.2.1) datiert. Die Erwartung, vom Porenwasser zeitliche Informationen zu erhalten, erfüllt sich nicht, da es ständig erneuert wird (STILLER et al. 1975).

6.6.2   <u>PROBEN</u>: Sediment-Fraktionen, Muschelschalen und Schneckengehäuse

Nur solche limnische Sedimente sind für Datierungen geeignet, die möglichst wenig **bioturbat** gestört sind und möglichst Feinschichtung zeigen.
Bei der Datierung sind verschiedene Fraktionen zu unterscheiden:

- organischer Feindetritus aus dem limnischen Bereich (Algen, feine
  Reste submerger Makrophyten, Tiere),

- organischer Feindetritus aus dem **terrestrischen** Bereich,

- organische Makroreste von limnischen Pflanzen (Blätter, Samen),

- organische Makroreste von Landpflanzen (Blätter, Ästchen, Früch-
  te),

- Muschel-, Schnecken und Ostrakodengehäuse, sowie

- Kalzitkristalle, im Pelagial- oder im Litoralbereich gefällte und
  allochthone Kristalle oder Aggregate (Seekreide und Seetone), und

- Siderit.

Häufig können dieses Fraktionen nicht separat datiert werden, insbesondere
bei Mischungen aus dem limnischen und terrigenen Bereich. In solchen Fällen sind mikroskopische Begleituntersuchungen angebracht, um die Anteile
allochthonen, älteren Materials abzuschätzen.

Die Unterscheidung limnischer und terrestrischer Anteile ist wichtig, weil
die **konventionellen** ^{14}C-Alter der limnischen Fraktionen **Reservoir-korri-**
giert (Kap. 4.1.1.8) werden müssen (DEEVEY et al. 1954). In der Regel sind
600-800 Jahre abzuziehen. Die Korrektur ist größer, wenn der See überwiegend von altem Grundwasser gespeist wird. Im Normalfall stammt das Seewasser hauptsächlich vom Niederschlag, der **atmosphärisches** CO_2 mit einer
^{14}C-Konzentration von 100 pcm einbringt, und wenig jungem Grundwasser
mit einer ^{14}C-Anfangskonzentration um 85 pcm (Kap. 6.5). Isotopenaus-

tausch mit atmosphärischem CO_2 sorgt für eine ^{14}C-Konzentration im Seewasserbereich bei 95 pcm. GEYH et al. (1971) fanden, daß sich dieser Wert im Laufe der Seegeschichte ändert, parallel zum Verhältnis des Seevolumens zur Oberfläche. Im Schleinsee betrug die Reservoir-Korrektur beispielsweise um 10 000 Jahre v.h. rund -1000 Jahre, zur Römerzeit waren es nur noch -500 Jahre. In der Zwischenzeit hatten sich 10 m Sediment gebildet. Es besteht also eine lokale und zeitliche Abhängigkeit. Zeitrekords von Seen können entsprechend unterschiedlich gestreckt sein. **Dendrochronologische Korrekturen** solcher ^{14}C-Daten wären nur möglich, wenn der genaue Wert der Reservoir-Korrektur bekannt ist (Kap. 4.1.1.7). Sie läßt sich abschätzen, indem die ^{14}C-Alter über der Entnahmetiefe aufgetragen werden. Voraussetzung ist, daß sich die Anteile limnischer und terrigener Fraktionen im Untersuchungszeitraum nicht geändert haben ebenso wie die hydrologische Situation.

FEINDETRITISCHE ORGANISCHE MUDDEN

Feindetrische Mudden sind durch den Einsender, ggfs unter dem Mikroskop, von **terrigen**en Makroresten und allochthonen Kohlen zu befreien, die in flachen Seen häufig zu finden sind.

SEEKREIDE und KALKMUDDE

Seekreide und Kalkmudde ergeben auf etwa 1000 Jahre genaue ^{14}C-Alter. Zusätzliche Fehler sind zu erwarten, wenn allochthone, klastische Fraktionen enthalten sind und ihr Anteil unbekannt ist. Die Datierungsschwierigkeiten folgen aus der Genese. Die Assimilation in der oberen Schicht des Seewassers entzieht dort während der warmen Jahreszeit Kohlendioxid, so daß Karbonat ausfällt (Kap. 6.5). Es sedimentiert, sofern es nicht durch überschüssiges CO_2 in der Wassersäule aufgelöst wird. Dieser Fall tritt z.B. unmittelbar nach der Vollzirkulation zu Beginn des Winters oder im zeitigen Frühjahr ein. Überschüssiges CO_2 entsteht bei der Zersetzung organischer Substanzen. Nur während einer kurzen, von Jahr zu Jahr unterschiedlichen Zeitspanne zwischen April und September kann Kalk aus dem

Epilimnion auf den Seegrund gelangen. Die ^{14}C-Konzentration dieses Kar-
bonats nimmt im Laufe des Jahres zu und entspricht am Ende des Sommers der
des atmosphärischen CO_2s, das durch **Isotopenaustausch**, **Diffusion** und
Zersetzung terrestrischer Pflanzen in den See gelangt. Die im Frühsommer
entstehende Kalkmudde hat die niedrige ^{14}**C-Anfangskonzentration** des Seewassers (GEYH et al. 1971a).

MUSCHELSCHALEN und SCHNECKENGEHÄUSE

Die Reservoir-Korrektur der ^{14}C-Daten (Kap. 4.1.1.8) von Muschelschalen
und Schneckengehäusen entspricht der für feindetritische Mudden. Die radiometrischen Alter weichen von den tatsächlichen ab, wenn Bioturbation
stattgefunden hat.

In Sedimenten ausgetrockneter Seen werden z.T. Tiergehäuse gefunden, die
durch **Isotopenaustausch** mit atmosphärischem CO_2 jünger als erwartet erscheinen. Dies ist der Fall, wenn die Schalen oder Gehäuse durchfeuchtet
worden waren und Kontakt zur Luft hatten. Der Effekt ist umso größer, je
feiner die Gehäuse sind. Die getrennte Datierung der inneren und äußeren
Schalenteile ist ein Verfahren, Altersverfälschungen an unterschiedlichen
Ergebnissen zu erkennen.

6.7   Marine Sedimente

Das zunehmende Interesse an paläoklimatischen und meteorologischen Studien
des marinen Bereichs und an der Erforschung der eustatischen Meeresspiegel-
schwankungen sowie die Aktivitäten im Rahmen der marinen Rohstoff-Explo-
ration haben die Zahl **chronostratigraphischer** Analysen mariner Proben ste-
tig wachsen lassen. Schelfsedimente verlangen eine sorgfältige Vorprüfung,
weil sie durch Um- oder Beilagerung **terrigener** Substanzen gestört sein
können. Dies trifft auch für **pelagische** Sedimente zu, die vom Rand der
Kontinentalabhänge stammen, an denen Schlamm-Lawinen (turbity currents)
und Trübeströme zu Stoffumlagerungen führen.

Tiefseesedimente, selbst von kurzen Kernstücken, sind ideale Untersuchungsobjekte für Langzeitstudien, weil die Sedimentationsraten klein und gleichmäßig sind. Die globale Klimaentwicklung ist aus den Ergebnissen chemischer und isotopenphysikalischer Analysen, allerdings nur qualitativ, abzulesen (DANSGAARD & TAUBER 1969), da die große Masse der Ozeane zu einer Dämpfung der Temperatur-Effekte und **Bioturbation** zu einer Verringerung der Zeitauflösung (BERGER & JOHNSON 1978) führen.

6.7.1 Angewandte Datierungsmethoden

Holozäne und jungpleistozäne Sedimente lassen sich mit der ^{14}C-Methode (Kap. 4.1.1) datieren. Die C_{org}-Fraktion verspricht zuverlässigere Ergebnisse als Karbonate. Junge Sedimente mit **Altern** unter 150 Jahre sind mit der Blei-210-Methode (Kap. 4.2.1) datierbar. Die U/Th-Methoden (Kap. 4.3) liefern brauchbare Alter bis 350 000 Jahre, insbesondere zur **Kalibrierung** der δ^{18}O-Rekords (Kap. 4.5.2) mit ihren globalen Klimaaussagen. Paläomagnetische Messungen (Kap. 4.5.1) werden durchgeführt, um nach der 700 000-Zeitmarke der BRUNHES-Epoche zu suchen. Die noch in Entwicklung befindliche ESR-Methode (Kap. 4.4.2) überdeckt das gesamte **Quartär**. Ihr größtes Potential ist der geringe Probenbedarf von wenigen 100 mg.

6.7.2 PROBEN: Sedimente, Muschelschalen, Korallen, Ooide, Oolithe

SEDIMENTE

Für die ^{14}C-Datierung mariner Sedimente bieten sich drei Fraktionen an, die unterschiedlich zuverlässige Ergebnisse liefern. Üblicherweise reichen 100-300 g aus. Labors, die Miniatur-Zählrohre einsetzen, brauchen etwa 5-15 Gramm:

- Die C_{org}-Fraktion, die maximal mit wenigen Promill im Sediment vorhanden ist, befindet sich im säure-unlöslichen Rest und besteht aus dem Kohlenstoff der Nichtkarbonate. Diese Fraktion liefert die zuverlässigsten Daten (GEYH 1979), wenn die Kerne gefroren gela-

gert worden sind, um **Kontaminationen** durch Bakterien zu unterbinden (GEYH et al. 1974).

- **Karbonate** (**Foraminiferen**, **Kokkolithe**, Schneckengehäuse, Muschelschalen) werden ggfs. unter dem Mikroskop sorgfältig von nicht
  identifizierbaren, meist **allochthonen** Bestandteilen getrennt. Sie-
  ben wird unter Schutzgas (z.B. Stickstoff) und mit abgekochtem
  Wasser durchgeführt (OLSSON et al. 1968), damit **Isotopenaustausch**
  vermieden wird, der zu scheinbaren Verjüngungen führt. Gröbere
  Fraktionen scheinen für die ^{14}C-Altersbestimmung besser geeignet
  zu sein als feinere (ERIKSSON & OLSSON 1963; OLSSON & ERKSSON
  1965).

- Umgelagerte, **terrigene** Karbonate ohne C_{org} sind überwiegend in
  der 25 µm-Fraktion enthalten.

Von jedem Sedimentkern sind wenigstens drei Alter zu bestimmen, um Störungen in der Sedimentation (Erosion, Hiatus, **turbitidy currents**, Einschwem-
mungen, **Bioturbation**) zu erkennen. Ein lineare Zunahme des Alters mit der
Tiefe schließt aber nicht mit Sicherheit aus, daß die Ergebnisse fehlerhaft sind. Altersbestimmungen nach verschiedenen Methoden lassen meist einen Entscheid zu.

Konventionelle ^{14}C-Alter mariner Sedimente scheinen im allgemeinen um
bis zu 2000 Jahre zu groß zu sein. Ursache ist einmal der **Reservoir-Effekt**, der aus dem Alter des oberflächennahen Meerwassers von 400 bis 600
Jahre (MANGERUD & GULLIKSON 1975) folgt. Andererseits führt Biotrubation
in einer etwa 8-12 cm starken Mischungsschicht (BERGER & JOHNSON 1978;
WILLIAMS et al. 1978) zu weiteren Altersverfälschungen. Individuelle Korrekturwerte liefert der Schnittpunkt der Sedimentationskurve mit der Zeit-
achse.

δ^{18}O-Analysen (Kap. 4.5.2) werden an etwa 100 mg ausgelesenen, nicht umkristallisierten Foraminiferen vorgenommen. Proben für U/Th-Datierungen
(Kap. 4.3) sollten um 100 g wiegen. Paläomagnetische Messungen (Kap.
4.5.1) werden an Kernen durchgeführt, die nach der Himmelsrichtung orien-

tiert entnommen worden sind.

KORALLEN

Etwa 50-100 g nicht umkristallisierte Korallen (CHAPPELL & POLACH 1972)
ergeben zuverlässige ^{14}C- (Kap. 4.1.1) und U/Th- (Kap. 4.3) Alter. In
Bohrgängen enthaltenes Sekundärmaterial ist zu meiden. Aufgrund des jährlichen Zuwachses der Korallen läßt sich der zeitliche Verlauf des ^{14}C-
Gehalts im Meerwasser analog zu den **dendrochronologisch** ermittelten Werten
der Atmosphäre rekonstruieren (DRUFFEL 1980).

MUSCHELSCHALEN ⟶ Kap. 6.2.2.

OOIDE und OOLITHE

Ooide und Oolithe entstehen in der Schwallzone der Küste und scheinen deshalb für Untersuchungen über Meerespiegelschwankungen geeignet zu sein.
Aus bisher noch nicht genau bekannten Gründen sind die **konventionellen**
^{14}C-**Alter** aber auch unter Berücksichtigung ihrer Wachstumsdauer von mehreren Jahrhunderten und dem **Reservoir-Effekt** oft viel zu groß. Eine Ursache könnten allochthone Ooidkerne sein. Auf der anderen Seite ist das
Kittmaterial der Oolithe - wie erwartet - jünger als das die Ooide (SILAR
1980).

6.8   Ozeanographie, Meteorologie

Das klimatische Geschehen wird im wesentlichen vom Energietransport zwischen der **Stratosphäre**, der **Troposphäre** und den Ozeanen bestimmt. Zu seiner Erforschung werden u.a. die Bewegungen der Wasser- und CO_2-Moleküle
und deren Aufenthalts- und Übergangszeiten in bzw. zwischen den **Reservoi-**
ren bestimmt. Die ^{14}C-Gehalte (Kap. 4.1.1) der im Ozeanwasser gelösten
Kohlensäure und des **atmosphärischen** CO_2s haben erste Angaben geliefert

(OESCHGER et al. 1975; SIEGENTHALER et al. 1980). Tritium- und ^{14}C-Gehaltsbestimmungen (Kap. 4.1.1 & 4.1.2) an Ozeanwasserproben aus verschiedenen Tiefen tragen zur Erforschung der horizontalen und vertikalen Meeresströmungen, der Transport- und Bildungsvorgänge ungelöster organischer und anorganischer Substanzen, der großräumigen Mischung und der Ermittlung der Sauerstoffverbrauchsraten (JENKINS 1977) bei. Wachsende Bedeutung erlangen ^{85}Kr- (Kap. 4.5.3) und ^{39}Ar- (Kap. 4.1.3) Analysen, um die atmosphärische Zirkulation und den Gasaustausch zwischen der Atmosphäre und den Ozeanen (WEISS et al. 1983) zu studieren.

Für ^{14}C-Analysen wird das in 200-250 l Ozeanwasser gelöste CO_2 mit Stickstoff im geschlossenen Kreislauf ausgetrieben und in Ammoniumlösung gefällt (LINICK 1980). Atmosphärisches CO_2 wird in mit Natronlauge gefüllten Absorptionsfallen oder in Molekularsieben absorbiert.

OZEANOGRAPHIE

Nach der klassischen Auffassung bestehen die Ozeane aus zwei, durch die Thermokline getrennten Reservoiren. Trotz des Kontakts mit der Atmosphäre ist die ^{14}C-Konzentration im oberen Teil um etwa 4,5 Promill kleiner, in der Tiefsee sogar um rund 235 Promill (BROECKER et al. 1960; BIEN et al. 1960). Die thermische Trennzone behindert den Substanztransport nicht. Ein stetiger vertikaler Diffusionsstrom der gelösten Gase (CRAIG 1969) führt zu einer nahezu konstanten ^{14}C-Konzentration in der Tiefsee. Die Zahl der zerfallenden und neu hinzukommenden Radiokohlenstoffatome ist dort gleich groß. Die regionale horizontale und vertikale ^{14}C- (STUIVER & ÖSTLUND 1980; ÖSTLUND & STUIVER 1980) und Tritium- (JENKINS & RHINES 1980; ROETHER et al. 1980; WEISS & ROETHER 1980) Verteilung ist als Folge von Meeresströmungen und küstennahem Auf- und Ab des Meerwassers (ROBINSON 1981) kompliziert. Die ^{14}C-Konzentration zeigt in Äquatornähe ein Minimum und ist an den Küsten des Pazifiks wegen des "upwelling" kleiner als an denen des Atlantiks. BROECKER (1974) nennt Radiokohlenstoff einen idealen konservativen Tracer für Studien der physischen und chemischen Ozeanographie und des "upwelling", insbesondere seit die Markierung durch die Atombombenversuche (Kap. 4.1.1.2) existiert.

Rohstoffwirtschaftliche Aspekte wurden mit ^{14}C-Analysen an einer heißen Salzlauge (hot brine) im Roten Meer verfolgt, die für **rezente** Ablagerungen von Schwermetallen verantwortlich ist. δD-, δ^{18}O- (Kap. 4.5.2) und δ^{13}C-**Werte** (Kap. 4.1.1.4) gaben Auskunft über die Herkunft und den Weg der Salzlauge (CRAIG 1969a).

δ^{18}O-Analysen an Muschelschalen haben gezeigt, daß sich Änderungen der Meeresströmungen in der Vergangenheit rekonstruieren lassen (KAUFMAN & MAGARITZ 1980).

METEOROLOGIE

Mit Hilfe der seit drei Jahrzehnten in verschiedenen Breiten gemessenen ^{14}C-Gehalte (Kap. 4.1.1) des Luft-CO_2s, die sich durch die Kernwaffenversuche (Kap. 4.1.1.2) geändert haben, gelingt die Abschätzung der mittleren **Verweilzeiten** der CO_2-Moleküle in einzelnen **Reservoirs** und der Umverteilung des Kohlenstoffs zwischen ihnen. Für die **Tropo-** und **Stratosphäre** der nördlichen Hemisphäre wurden 2 bzw. 5-10 Jahre gefunden. In der gleichen Größenordnung liegt die Übergangszeit der CO_2-Moleküle von einer zu anderen Halbkugel (NYDAL et al. 1979)

Die Nützlichkeit von Tritium-Analysen (Kap. 4.1.2) bei meteorologischen Studien wurde mit der Untersuchung des Ursprungs der Wassermassen in Zyklonen bestätigt. Aus den Tritium-Konzentrationen des Wassers im Auge und am Rand eines Wirbelsturms ließ sich eine Energiebilanz (ÖSTLUND 1965) erstellen.

Atmosphärische Vorgänge werden mit ^{85}Kr (Kap. 4.5.3) verfolgt (WEISS et al. 1983).

6.9   Umweltforschung: Atmosphäre und Hydrosphäre

Die Verschmutzung der Luft, der Flüsse, der Meere, des Grundwassers und die damit verbundene, oft irreversible Belastung und Zerstörung unserer

Umwelt, die Vernichtung natürlicher Reinigungsketten durch giftige indu-
strielle Abfälle und Abgase, die landwirtschaftliche Intensivbewirtschaf-
tung, Verkehr und die Haushalte haben eine kaum noch überschaubare Entwicklung eingeleitet, die unsere Lebensbedingungen gefährtet. Das Hauptproblem ist, die Ursachen und den Grad der Auswirkungen auf die natürlichen Prozesse und die Systeme verstehen zu lernen.

Die Erzeugung steigender Mengen fossilen CO_2s aus Kohle, Erdgas und Erd-
öl stellt eine der schwerwiegendsten Belastungen mit Langzeitwirkung dar,
die die Gefahren, die den radioaktiven Abfällen nachgesagt werden, sicher
übertrifft. Um die eintretenden klimatischen Auswirkungen rechtzeitig vor-
hersagen zu können, werden die Wege im Kohlenstoff-Zyklus mit ^{14}C-Analy-
sen (Kap. 4.1.1) erforscht. Tritium (Kap. 4.1.2) spielt eine ähnliche Rolle bei der örtlichen und zeitlichen Verfolgung von Abwässern.

ATMOSPHÄRE

Schon in den Fünfziger Jahren wurde entdeckt, daß unmittelbar an den Auto-
bahnen wachsende Pflanzen stark erniedrigte ^{14}C-Gehalte (Kap. 4.1.1) haben, weil sie fossiles CO_2 aus den Auspuffgasen assimilieren. In der Natur tritt der gleiche Effekt in Gegenden auf, in denen magmatisches CO_2
aus dem Boden entweicht (BRUNS et al. 1980; SAUPÉ et al. 1980).

Miniatur-Zählrohre machen es seit einigen Jahren möglich, organische Aero-
sole in Städten genetisch zu differenzieren (LODGE et al. 1960; BAXTER &
HARKNESS 1975; VOGEL & UHLITZSCH 1975; CURRIE et al. 1983; BERGER et al.
1983). COURT et al. 1981 wiesen z.B. in Sydney nach, welche Anteile des
Smogs von den Autos und welche von den Holzfeuern in den Vorstädten
stammen.

Der Weg schwach radioaktiver Abgase von Kernkraftwerken ist anhand über-
höhter ^{14}C-Gehalte in Blättern und Gräsern aus der Umgebung genauer zu
ermitteln als mit Hilfe herkömmlicher meteorologischer Verfahren. Insbesondere lassen sich jahreszeitliche Unterschiede quantitativ erfassen (LE-
VIN et al. 1980; OTLET et al. 1983; SEGL et al. 1983).

HYDROSPHÄRE

Organische Industrieverunreinigungen im Fluß-, Grund- und Seewasser sind im Gegensatz zu natürlichen oft nur schwer biologisch abbaubar und daher umweltfeindlich. Langezeit-^{14}C-Analysen werden angewandt, um die Herkunft Alkohol- und Chloroform-löslicher Fraktionen, die an Aktivkohle gebunden werden, zu ermitteln und die Verursacher zu identifizieren (ROSEN & RUBIN 1965; SPIKER & RUBIN 1975). Die Interpretation der Ergebnisse ist allerdings nicht einfach, weil die organischen Industriesubstanzen unterschiedliche ^{14}C-Gehalte haben und auf chemische und biologische Prozesse in nicht immer bekannter Weise reagieren.

Die mit der Überdüngung von Süßwasserseen (**Eutrophierung**) verbundene Erhöhung der Produktion limnischer Sedimente (Kap. 6.6) ist mit ^{14}C-Analysen relativ leicht zu studieren, weil die nach 1950 entstandenen Mudden vom Kernwaffeneffekt (Kap. 4.1.1.2) beeinflußt sind und sich von den älteren **isotop**isch unterscheiden (SCHELL et al. 1983). Auf diese Weise läßt sich z.B. ermitteln, ob die Verlandung touristisch genutzter Seen durch Umlagerung alter Sedimente oder Neubildung erfolgt.

Schelfsedimente des letzten Jahrhunderts weisen erniedrigte ^{14}C-Gehalte (ERLENKEUSER et al. 1974) auf, die mit Resten unverbrannten Treibstoffs der Schiffe zu erklären sind.

Der Nachweis von **Tritium** (Kap. 4.1.2) im Grundwasser unterhalb von Deponien ist ein sicheres Indiz, daß auch verschmutzte Sickerwässer in den Grundwasserleiter gelangen können. Andere Umwelt-relevante Anwendungen der ^{14}C- und ^{3}H-Methode in der Hydrologie ergeben sich aus den Darlegungen in Kap. 6.5.

DANKSAGUNG

Allen in- und ausländischen Probeneinsendern und Kollegen, die mir in zwei Jahrzehnten freundschaftlicher Zusammenarbeit Wissen und Erfahrungen vermittelt haben, danke ich herzlich ebenso wie all jenen, die mit Anregungen und konstruktiver Kritik nicht gespart haben. Mein besonderer Dank geht an meine früheren und jetzigen Mitarbeiter, die in unermüdlichem Einsatz dem ^{14}C-Labor Hannover zu seinem Ansehen verholfen haben. Meinen Vorgsetzten danke ich für ihr stetes Verständnis.

Für die kritische Durchsicht des Manuskripts bin ich den Herren Dr. H.J. Hennig, Dr. Helmut Müller und Dr. Josef Merkt, alle Hannover, sehr verbunden.

Die Zusammenarbeit mit Herrn Professor Dr. A. Pilger, Clausthal-Zellerfeld, war wieder sehr erfreulich.

LITERATUR

Einen Einblick in laufende Arbeiten der Geochronologie mit Hilfe kosmogener Radionuklide erhält man durch die Artikel der Zeitschrift RADIOCARBON (THE AMERICAN JOURNAL OF SCIENCE, Box 2161, Yale University, New Haven, Connecticut 06520), in der auch die Vorträge der 9. und 10. ^{14}C-Konferenzen veröffentlicht worden sind. Publikationen über andere Methoden sind u.a. in den Zeitschriften Archaeometry, NATURE, Naturwissenschaften, Earth and Planetary Science Letters, Journal of Geophysical Research, Quaternary Research, SCIENCE und Geochimica et Cosmochimica Acta zu finden.

AITKEN, M.J., & V. MEJDAHL (1978/1979): A specialist seminar in thermoluminescence dating. - PACT, 2 & 3; Brüssel.

ALDER, B., & H. OESCHGER, & J.T. WASSON (1967): Aluminium-26 in deep-sea sediments. - in: Radioactive Dating and Methods of Low-Level Counting: 189-195; Wien (IAEA).

ANDERSON, E.C., & W.F. LIBBY, & S. WEINHOUSE, & A.F. REID, & A.D. KIRSHENBAUM, & A.V. GROSSE (1947): Natural radiocarbon from cosmic radiation. - Phys. Rev., 72: 931-936.

ANDRES, G., & M.A. GEYH (1970): Untersuchungen über den Grundwasserhaushalt im überdeckten Sandsteinkeuper mit Hilfe von ^{14}C- und ^{3}H-

Wasseranalysen. - Wasserwirtschaft, 8: 259-263.

ANDREWS, J.N., & D.J. LEE (1979): Inert gases in groundwater from the bunter sandstone in England as indicators of age and palaeoclimatic trends. - J. Hydrology, 41: 233-252.

ANDREWS, J.N., & I.S. GILES, & R.L.F. KAY, & D.J. LEE, & J.K. OSMOND, & J.B. COWART, & P. FRITZ, & J.F. BARKER, & J. GALE (1982): Radioelements, radiogenic helium and age relationships of groundwaters from the granites at Stripa, Sweden. - Geochim. Cosmochim. Acta, 46: 1533-1543.

BADA, J.L., & R.A. SCHROEDER (1975): Amino acid racemization reactions and their geochemical implications. - Naturwissenschaften, 62: 71-79.

BADA, J.L., & MING-YUNG SHOU, & E.H. MANN, & R.A. SCHROEDER (1978): Decomposition of hydroxy amino acids in foraminiferal tests; kinetics, mechanism and geochronological implications. - Earth Plan. Sci. Letters, 41: 67-76.

BADA, J.L., & E. HOOPES, & D. DARLING, & G. DUNGWORTH, & H.J. KESSELS, & K.A. KVENVOLDEN, & D.J. BLUNT (1979): Amino acid racemization dating of fossil bones. I Interlaboratory comparison of razemisation measurements. - Earth Plan. Sci. Letters, 43: 265-268.

BADA, J.L., & P.M. MASTERS, & E. HOOPES, & D. DALING (1979a): The dating of fossil bones using amino acid racemization. - in: BERGER, R., & H.E SUESS (Hrg.): Radiocarbon Dating: 740-756; Los Angeles (Univ. California Press).

BAGGE, E., & H. WILLKOMM (1966): Geologische Altersbestimmung mit ^{36}Cl. - Atomkernenergie, 11: 176-184.

BARR, G.E., & S.J. LAMBERT, & J.A. CARTER (1979): Uranium isotope disequilibrium in groundwaters of southeastern New Mexico and implications regarding age dating of waters. - in: Isotope Hydrology 1978, 2: 645-660; Wien (IAEA).

BATH, A.H., & W.M. EDMUNDS, & J.N. ANDREWS (1979): Palaeoclimatic trends deduced from the hydrochemistry of a Triassic sandstone aquifer, UK. - in: Isotope Hydrology 1978, 2: 545-566; Wien (IAEA).

BAXTER, M.S., & D.D. HARKNESS (1975): $^{14}C/^{12}C$ Ratios of urban pollution. - in: Isotope Ratios as Pollutant Source and Behaviour Indicators: 135-140; Wien (IAEA).

BEER, J.A.M, & M. ANDREE, & H. OESCHGER, & B. STAUFFER, & R. BALZER, &

G. BONANI, & Ch. STOLLER, & M. SUTER, & W. WÖLFLI, & R. C. FINKEL (1983): Temporal ^{10}Be variations in ice. - RADIOCARBON, 25: 269-278.

BENTLEY, H.W., & F.M. PHILLIPS, & S.N. DAVIS, & S. GIFFORD, & D. ELMORE, & L.E. TUBBS, & H.E. GOVE (1982): Thermonuclear ^{36}Cl pulse in natural water. - Nature, 300: 737-740.

BENTLEY, H.W., & F.M. PHILLIPS, & S.N. DAVIS (1983): Chlorine in the terrestial environment. - in: Handbook of Environmental Isotope Geochemistry; im Druck.

BERGER, R., & R.M. JOHNSON, & J.R. HOLMES (1983): Radiocarbon measurements of particulates in smog. - RADIOCARBON, 25: 615-620.

BERGER, W.H., & R.F. JOHNSON, & J.S. KILLINGLEY (1977): "Unmixed" of the deep-sea record and the deglacial meltwater spike. - Nature, 269: 661-663.

BERGER, W.H., & R.F, JOHNSON (1978): On the thickness and the ^{14}C age of the mixed layer in deep-sea carbonates. - Earth Plan. Sci. Letters, 41: 223-227.

BIEN, G.S., & N.W. RAKESTRAW, & H.W. SUESS (1960): Radiocarbon concentration in Pacific ocean water. - Tellus, 12: 436-443.

BISCHOFF, J.L., & R.J. ROSENBAUER (1981): Uranium series dating of human skeletal remains from the Del Mar and Sunnyvale sites, California. - Science, 213: 1003-1005.

BLÜMEL, W.D. (1982): Calcretes in Namibia and SE-Spain relations to substratum, soil formation and geomorphic factors. - CATENA Supplement 1: 67-82.

BOECKL, R. (1974): Zur Kosmochemie von Kohlenstoff-14. - in: KIESL, W. (Hrg.): Analyse extraterrestrischen Materials. Heidelberg (Springer).

BÖGLI, A. (1964): Mischungskorrosion - ein Beitrag zum Verkarstungsproblem. Erdkunde, 18: 83-92.

BREDENKAMP, D.B., & J.C. VOGEL (1970): Study of a dolomitic aquifer with ^{14}C and tritium. - in: Isotope Hydrology: 349-372; Wien (IAEA).

BROECKER, W.S. (1974): Chemical Oceanography. - 214 S.; New York (Harcourt, Brace & Jovanovich).

BROECKER, W.S., & R. GERARD, & M. EWING, & B.C. HEEZEN (1960): Natural radiocarbon in the Atlantic ocean. - J. Geophys. Res., 65: 2903-2931.

BRUNS, M., & K.O. MÜNNICH, & B. BECKER (1980): Natural variations from AD

200 to 800. - RADIOCARBON, **22**, 2: 273-278.

BRUNS, M., & I. LEVIN, & K.O.MÜNNICH, & H.W. HUBBERTEN, & S. FILLIPAKIS (1980a): Regional sources of vulcanic carbon dioxide and their influence on ^{14}C content of present-day plant material. - RADIOCARBON, **22**, 2: 532-536.

BUCHA, V. (1970): Influence of the earth's magnetic field on radiocarbon dating. - in: OLSSON, I.U. (Hrg.): Radiocarbon Variations and Absolute Chronology: 501-511; Uppsala (Almquist & Wiksells).

BUCZKO, Cs.M., & A. BORBELY, & N.I. ILKOV (1978): Fossil bones and the palaeclimatology. - Radiochem. Radioanal. Letters, 36: 175-179.

BURDON, D.J. (1977): Flow of fossil groundwater. - Qu. J. Engng. Geol., 10: 97-124.

CAIRNS, T. (1976): Archaeological dating. - Anal. Chem., **48**: 266-280.

CAMPBELL, D.A., & E.A. PAUL, & O.A. RENNIE, & K.J. McCALLUM (1967): Factors affecting the accuracy of the carbon dating method in soil humus studies. - Soil Science, 104: 81-85.

CASTAGNOLI, G., & D. LAL (1980): Solar modulation effects in terrestrial production of carbon-14. - RADIOCARBON, **22**, 2: 133-158.

CHAPPELL, J., & H.A. POLACH (1972): Some effects of partial recrystallisation on ^{14}C dating Late Pleistocene corals and molluscs. - Quatern. Res., 2: 244-252.

CHISHOLM, B.S., & D.E. NELSON, & H.P. SCHWARCZ (1981): Dietary information from δ^{13}C measurements on bone collagen. - in: 1st Int. Symposium on C-14 and Archaeology; Groningen.

CLARK, R.M. (1975): A calibration curve for radiocarbon dates. - Antiquity, 49: 251-266.

CLARKE, W.B., & W.J. JENKINS, & Z. TOP (1976): Determination of tritium by mass spectrometric measurement of ^{3}He. - Int. J. Appl. Radiat. Isotop., 27: 515-517.

CLAUSEN, H.B. (1973): Dating of polar ice by ^{32}Si. - J. Glaciol, 12: 411-416.

COOK, J., & C.B. STRINGER, & A.P. CURRANT, & H.P. SCHWARCZ, & A.G. WINTLE (1982): A review of the chronology of the European middle Pleistocene hominid record. - Yearbook Phys. Anthropol., 25: 19-65.

COURT, D.J., & R.J. GOLDSACK, & L,M. FERRARI, & H.A. POLACH (1981): The use of carbon isotopes in identifying urban air particulate sources.

- Clean Air; 1: 6-11.

COX, A. (1975): Geomagnetic reversals. Their frequency, origin and some problems of correlation. - in: BISHOP, W.W., & J.A. MILLER (Hrg.): Calibration of Hominid Evolution: 95-103; Edinburg (Scottish Univ. Press).

CRAIG, H. (1954): ^{13}C in plants and their relationship between ^{13}C and ^{14}C variations in nature. - J. Geol., 62: 115-149.

CRAIG, H. (1957): Isotopic standards of carbon and oxygen and correction factors for mass-spectrometric analysis of carbondioxide. - Geochim. Cosmochim. Acta, 12: 133-149.

CRAIG, H. (1969): Abyssal carbon and radiocarbon in the Pacific. - J. Geophys. Res., 74: 5491-5506.

CRAIG, H. (1969a): Geochemistry and origin of the Red Sea brines. - in: DEGENS, E.D., & D.A. ROSS (Hrg.): Hot Brines and Recent Heavy Metal Deposits in the Red Sea. - Heidelberg (Springer-Verlag).

CREER, K.M. (1981): Long-period geomagnetic secular variations since 12,000 yr. BP. - Nature, 292: 208-212.

CURRIE, L.A. (1972): The evaluation of radiocarbon measurements and inherent statistical limitations in age resolution. - in: Proc. 8th Int. Conf. on Radiocarbon Dating: 597-611; Wellington, Neuseeland.

CURRIE, L.A. (Hrg.) (1982): Nuclear and Chemical Dating Techniques. Interpreting the Environmental Record. - Am. Chem. Soc. Symp., Ser. 176: 516 S.; Washington D.C.

CURRIE, L.A., & G.A. KLOUDA, & R.E. CONTINETTI, & I.R. KAPLAN, & W.W. WONG, & T.G. DZUBAY, & R.K. STEVENS (1983): On the origin of carbonaceous particles in American cities. Results of radiocarbon "dating" and chemical characterization. - RADIOCARBON, 25: 603-614.

DAMON, P.E., & A. LONG, & E.I. WALLICK (1972): Dendrochronologic calibration of the carbon-14 time scale. - in: Proc. 8th Int. Conf. on Radiocarbon Dating: 45-59; Wellington, Neuseeland.

DANSGAARD, W. (1964): Stable isotopes in precipitation. - Tellus, 16: 436-468.

DANSGAARD, W. (1969): One thousand centuries of climatic record from Camp Century of the Greenland ice sheet. - Science, 166: 377-381.

DANSGAARD, W., & H. TAUBER (1969): Glacier oxygen-18 content and Pleistocene ocean temperatures. - Science, 166: 499-502.

DE ATLEY, S.P. (1980): Radiocarbon dating of ceramic materials. Progress
    and prospects. - RADIOCARBON, 22, 3: 987-993.

DEEVEY, Jr., E.S., & M.S. GROSS, & G.E. HUTCHINSON, & H.L. KRAYBILL
    (1954): The natural ^{14}C contents of materials from hard-water la-
    kes. - in: Proc. Nat. Acad. Sci., Wash., 40: 285-288.

DE JONG, A.F.M., & W.G. MOOK, & B. BECKER (1979): Confirmation of the
    SUESS wiggles: 3200-3700 BC. - Nature, 280: 48-49.

DE JONG, A.F.M., & W.G. MOOK (1980): Medium-term atmospheric ^{14}C varia-
    tions. - RADIOCARBON, 22, 2: 267-272.

DE JONG, A.F.M., & W.G. MOOK (1982): An anomalous SUESS effect above Euro-
    pe. - Nature, 298: 641-644.

DELAUNE, R.D., & W.H. PATRICK, Jr., & R.J. BURESH (1978): Sedimentation
    rates determined by ^{137}Cs dating in rapidly acreting salt marsh. -
    Nature, 275: 532-533.

DENHAM, C.R., & R.F. ANDERSON, & M.P. BACON (1977): Paleomagnetism and
    radiochemical age estimates for late BRUNHES polarity episodes. -
    Earth Plan. Sci. Letters, 35: 384-397.

DENNINGER, E. (1971): The use of paper chromatography to determine the age
    of albuminous binders and its application to rock paintings. - Suppl.
    African J. Sci., 2: 81-84.

DE VRIES, Hl. (1958): Variation in concentration of radiocarbon with time
    and location on rarth. - Kon. Ned. Akad. Wet., Proc., Ser. B, 61: 94-
    102.

DÖRR, H., & K.O. MÜNNICH (1980): Carbon-14 and carbon-13 in soil CO_2. -
    RADIOCARBON, 22, 3: 909-918.

DOMINIK, J., & U. FÖRSTNER, & A. MANGINI, & H.-E. REINECK (1978): ^{210}Pb
    and ^{137}Cs chronology of heavy metal pollution in a sediment core
    from German bight (North Sea). - Senckenbergiana merit, 10: 213-227.

DREYBROTH, W. (1981): The kinetics of calcite precipitation from thin
    films of calcareous solutions and the growth of speleothems: Revisi-
    ted. - Chem. Geol., 32: 237-245.

DRUFFEL, E.M. (1980): Radiocarbon in annual coral rings of Belize and Flo-
    rida. - RADIOCARBON, 22, 2: 363-371.

DRUFFEL, E.M., & H.Y.I. MOK (1983): Time history of human gallstones:
    Application of the post-bomb radiocarbon. - RADIOARBON, 25: 629-636.

EDMUNDS, W.M., & E.P. WRIGHT (1979): Groundwater recharge and palaeoclimate in the Sirte and Kufra basins, Libya. - J. Hydrology, 40: 215-241.

EICHER, U., & U. SIEGENTHALER, & S. WEGMÜLLER (1981): Pollen and oxygen isotope analyses on Late- and Post-Glacial sediments of the Tourbiere de Chirens (Dauphine, France). - Quatern. Res., 15: 160-170.

EISENBARTH, P., & P. HILLE (1977): A nondestructive method for age determination of fossil bone. - J. Radioanal. Chem., 40: 203-211.

El-DAOUSHY, F., & K. TOLONEN, & R. ROSENBERG (1982): Lead 210 and moss-increment dating of two Finnish Sphagnum hummocks. - Nature, 296: 429-431.

EMILIANI, C., & N.J. SHACKLETON (1974): The BRUNHES epoch: Isotopic paleotemperatures and geochronology. - Science, 183: 511-514.

ERIKSSON, K.G., & I.U. OLSSON (1963): Some problems in connection with ^{14}C dating of tests of foraminifera. - Bull. Geol. Inst. Univ. Uppsala, 17: 1-13.

ERLENKEUSER, H., & E. SUESS, & H. WILLKOMM (1974): Industrialization affects heavy metal and carbon isotope concentrations in recent Baltic sea sediments. - Geochim. Cosmchim. Acta, 38: 823-842.

EVIN, J., & J. MARECHAL, & C. PACHIAUDI, & J.J.PUISSEGUR (1980): Conditions involved in dating terrestrial shells. - RADIOCARBON, 22,2: 545-555.

FANDITIS, J, & D.H. EHHALT (1970): Variation of the carbon and oxygen isotopic composition in stalagmites and stalactites. Evidence of non-equilibrium isotopic fractionation. - Earth Plan. Sci. Letters., 10: 136-144.

FELBER, H., & P. VICHYTIL (1962): Meßanordnung für energiearme ß-Strahlung geringer Intensität, speziell für Altersbestimmung nach der Radiokohlenstoff-Methode. - Sitzungsber. Österr. Akad. Wiss., 170: 179-205.

FERGUSON, C.W., & B. HUBER, & H.E. SUESS (1966): Determination of the age of Swiss lake dwellings as an example of dendrochronologically calibrated radiocarbon dating. - Z. Naturf., 21a: 1173-1177.

FOLK, R.L., & S. VALASTRO, Jr. (1979): Dating of lime mortar by ^{14}C. - in: BERGER, R., & H.E. SUESS (Hrg.): Radiocarbon Dating: 721-732; Los Angeles (Univ. Californie Press).

FONTES, J.C., & J.-M. GARNIER (1979): Determination of the initial ^{14}C activity of the total dissolved carbon. A review of the existing models and a new approach. - Water Res. Res., 15: 399-413.

FRANKE, H.W. (1951): Altersbestimmung von Kalzit-Konkretionen mit radioaktivem Kohlenstoff. - Naturwissenschaften, 22: 527,

FRANKE, H.W. (1966): Zur Entnahme von Sinterproben für Radiocarbondatierungen. - Höhle, 17: 92-95.

FRANKE, H.W. (1971): Morphologie und Stratigraphie des Tropfsteines - Rückschlüsse und Größen des Paläoklimas. - Geol. Jb., 89: 473-501.

FRIEDMAN, I., & J. OBRADOVICH (1981): Obsidian hydration dating of vulcanic events. - Quatern. Res., 16: 37-47.

FRITZ, P., & J.E. GALE, & E.J. REARDON (1979): Comments on carbon-14 dating of groundwaters in crystalline environments. - Geoscience Canada, 6, 1: 10-15.

FRÖHLICH, K, & G. Milde, & D. HEBERT, & R. KATER (1974): Methodische und meßtechnische Erkenntnisse über die Anwendung von Tritium, ^{14}C- und ^{32}Si-Bestimmungen für hydrogeologische Aufgaben. - Z. angew. Geol., 20: 16-21.

GAMBER, M., & H. OBERHAENSLI (1982): Interpretation von Radiocarbondaten fossiler Böden. - Phys. Geograph., 1: 83-90.

GASCOYNE, M. (1981): A climate record of the Yorkshire Dales for the last 300,000 Years. - Int. Spel. Congr.: 96-98; Bowling Green.

GAT, J., & R. GONFIANTINI (Hrg.) (1981): Stable Isotope Hydrology. Deuterium and Oxygen-18 in the Water Cycle. - Technical Reports Series, No. 210: 337 S.; Wien (IAEA).

GERASIMOV, I.P. (1974): The age of recent soils. - Geoderma, 12, 1/2: 17-25.

GERLING, E.K., & I.N. TOLSTYKHIN, & Yu.A. SHUKOLYUKOV, & Z.N. NESMELOVA, & I.Ya. AZBEL (1967): Argon isotopes and helium in natural hydrocarbon gases. - Geochim. Int., 4: 498-506.

GEYH, M.A. (1969): Messungen der Tritium-Konzentration von Salzlaugen. - Kali und Steinsalz, 5: 208.

GEYH, M.A. (1970): Isotopenphysikalische Untersuchungen an Kalksinter, ihre Bedeutung für die ^{14}C-Altersbestimmung von Grundwasser und die Erforschung des Paläoklimas. - Geol. Jb., 88: 149-158.

GEYH, M.A. (1970a): Zeitliche Abgrenzung von Klimaänderungen mit ^{14}C-Daten von Kalksinter und organischen Substanzen. - Beih. Geol. Jb., 98: 15-22.

GEYH, M.A. (1971): Die Anwendung der ^{14}C-Methode. - 118 S.; Clausthal-Zellerfeld (Pilger-Verlag).

GEYH, M.A. (1972): Basic studies in hydrology and ^{14}C und ^{3}H measurements. - in: Proc. 24th Int. Geol. Congr., 11: 227-234; Montreal.

GEYH, M.A. (1972a): A comparison - proportional and liquid-scintillation spectrometer for radiocarbon dating. - in: Proc. 8th Int. Conf. on Radiocarbon Dating: B 81-93; Wellington, Neuseeland.

GEYH, M.A. (1979): ^{14}C Routine dating of marine sediments. - in: BERGER, R. & H.E. SUESS (Hrg.): Radiocarbon Dating: 470-491; Los Angeles (Univ. California Press).

GEYH, M.A. (1980): Einführung in die Methoden der physikalischen und chemischen Altersbestimmung. - 276 S.; Darmstadt (Wissenschaftliche Buchgesellschaft).

GEYH, M.A. (1980a): Holocene sea-level history: Case study of the statistical evaluation of ^{14}C dates. - RADIOCARBON, 22, 3: 695-704.

GEYH, M.A. (1980b): Interpretation of environmental isotopic groundwater data. Arid and semi-arid zones. - in: Arid-Zone Hydrology. Investigations with Isotope Techniques: 31-36; Wien (IAEA).

GEYH, M.A. (1980c): Hydrogeologic interpretation of the ^{14}C content of groundwater - a status report. - Fisika, 12: 87-106; Belgrad.

GEYH, M.A. & H.W. FRANKE (1970): Zur Wachstumsgeschwindigkeit von Stalagmiten. - Atompraxis, 16: 1-3.

GEYH, M.A., & J. MERKT, & H. MÜLLER (1971): Sediment-, Pollen- und Isotopenanalysen an jahreszeitlich geschichteten Ablagerungen im zentralen Teil des Schleinsees. - Arch. Hydrobiol., 69: 366-399.

GEYH, M.A., & J.H. BENZLER, & G. ROESCHMANN (1971a): Problems of dating Pleistocene and Holocene soils by radiometric methods. - in: YAALON, D.H. (Hrg.): Nature, Origin and Dating of Palaeosols: 63-75; Jerusalem (Israel Univ. Press).

GEYH, M.A., & P. ROHDE (1972): Weichselian chronostratigraphy, ^{14}C dating and statistics. - in: Proc. 24th Int. Geol. Congr., 12: 26-36; Montreal.

GEYH, M.A., & W.E. KRUMBEIN, & H.-R. KUDRASS (1974): Unreliable ^{14}C dating of long-stored deep-sea sediments due to bacterial activity. - Marine Geol., 17: 45-50.

GEYH, M.A., & G. MICHEL (1977): Zur Isotopenchemie von Mineralwässern und sonstigen Grundwässern im Heilquellengebiet von Bad Oyenhausen und Bad Salzuflen. - Fortschr. Geol. Rheinl. u. Westf., 26: 229-252.

GEYH, M.A., & G. BACKHAUS (1979): Hydrodynamic aspects of carbon-14 groundwater dating. - in: Isotope Hydrology 1978, 2: 631-643; Wien (IAEA).

GEYH, M.A., & H.W. FRANKE (1981): Datierungsprobleme mit quartärem Höhlensinter. - Laichinger Höhlenfreund, 16: 21-28.

GEYH, M.A., & R. KÜNZL (1981): Methane in groundwater and its effect on ^{14}C groundwater dating. - J. Hydrol, 52: 355-358.

GEYH, M.A., & G. MICHEL (1981): Isotopen- und hydrochemische Betrachtungen über die Süßwasser/Salzwasser-Zone am Nordostrand des Münsterländer Beckens. - Z. dtsch. geol. Ges., 132: 597-611.

GEYH, M.A., & P. DE MARET (1982): Histogram evaluation of ^{14}C dates applied to the first complete iron age sequence from West Central Africa. - Archaeometry, 24, 2: 158-163.

GEYH, M.A., & H.W. FRANKE, & W. DREYBRODT (1982): Anomal große $\delta^{13}C$-Werte von Hochgebirgssinter - Vergeblicher Versuch einer paläoklimatischen Deutung. - Hölloch, 5: 49-61; Langnau am Albin.

GEYH, M.A., & P. GROSCHOPF, & W. SCHLOZ (1982a): Hydrogeologische Studie mit Umweltisotopen und Karstwässern der östlichen Schwäbischen Alb und des Donaurieds. - Arch. Hydrobiol., 95: 81-91.

GEYH, M.A., & G. MICHEL (1982): Isotopical differentiation of groundwater of different hydrogeologic origin. - J. Hydrology, 59: 161-171.

GEYH, M.A., & G. ROESCHMANN, & T.A. WIJMSTRA, & A. MIDDELDORP (1983): The unreliability of ^{14}C dates obtaied from burried sandy podzols. - RADIOCARBON, 25: 409-416.

GILET-BLEIN, N., & G. MARIEN, & J. EVIN (1980): Unreliability of ^{14}C dates from organic matter of soils. - RADIOCARBON, 22, 3: 919-929.

GROOTES, P.M. (1978): Carbon-14 time scale extended. Comparison of chronologies. - Science, 200: 11-15.

GUGELMANN, A. (1973): Simulation kontinuierlicher Systeme.- Doktor-Arbeit am Physikalischen Institut der Universität Bern.

HANSHAW, B.B., & W. BACK, & M. RUBIN (1965): Relation of carbon-14 concentration to saline water contamination of coastal aquifers. - Water Res. Res., 1: 109-114.

HARDY, E.P., & H.L. VOLCHOCK, & H.D. LIVINGSTONE, & J.C. BURKE (1980):

Time pattern of off-site plutonium deposition from rocky flats plant by lake sediment analyses. - Environm. Int., 4: 21-30.

HARMON, R.S., & H.P. SCHWARCZ (1981): Changes of ^{2}H and ^{18}O enrichment of meteoric water and pleistocene glaciation. - Nature, 290: 125-128.

HASSAN, A.A., & J.D. TERMINE, & C.V. HAYNES, Jr. (1977): Mineralogical studies on bone apatite and their implications for radiocarbon dating. - RADIOCARBON, 19, 3: 364-374.

HEDGES, R.E,M. (1981): Radiocarbon dating with an accelerator. Review and preview. - Archaeometry, 23, 1: 3-18.

HEIRTZLER, J.R., & G.O. DICKSON, & E.M. HERRON, & W.C. PİTMAN, & III.X. LE PICHON (1968): Marine magnetic anomalies, geomagnetic field reversals, and motions of the ocean floor and continents. - J. Geophys. Res., 73: 2119-2136.

HENDY, C.H. (1971): The isotope chemistry of speleothems I. - Geochim. Cosmochim. Acta, 35: 801-824.

HENDY. C.H., & T.A. RAFTER, & N.W.G. MACINTOSH (1972): The formation of carbonate nodules in the soils of the Darling Downs, Queensland, Australia, and the dating of the Talgai cranium. - in: Proc. 8th Int. Conf. on Radiocarbon Dating: D 106-126; Wellington, Neuseeland.

HENNIG, G., & R. GRÜN, & K. BRUNNACKER (1983): Speleothems, travertines and paleoclimats. - Quatern. Res., 19: im Druck.

HERRMANN, A.G. (1982): Probenahme von Salzlösungen in Kali- und Steinsalzbergwerken. - Kali und Steinsalz, 8: 237-242.

HILLE, P. (1979): An open system model for uranium series dating. - Earth Plan. Sci. Letters, 42: 138-142.

HILLE, P., & K. MAIS, & G. RABEDER, & N. VAVRA, & E. WILD (1981): Über Aminosäuren- und Stickstoff/Fluor-Datierung fossiler Knochen aus österreichischen Höhlen. - Die Höhle, 32: 75-91.

HUGHES, M.K., & P.M. KELLY, & J.R. PILCHER, & V.C. LA MARCHE, Jr. (1982): Climate from tree rings. - 223 S.; Cambridge (University Press).

HUNTLEY, D.J., & H.P.JOHNSON (1976): Thermoluminescence as a potential mean of dating siliceous ocean sediments. - Can. J. Earth Sci, 13: 593-596.

IKEYA, M. (1978): Electron spin resonance as a method of dating. - Archaeometry, 20: 147-158.

IKEYA, M. (1982): A model of linear uranium accumulation for ESR age of

Heidelberg (Mauer) und Tautavel Bones. - Jap. J. Appl. Phys., 21: L690-692.

IKEYA, M., & T. MIKI (1980): Present status of ESR dating: Reply to Nambi's comment. - Japan J. Appl. Phys., 19: 1809-1810.

IKEYA, M., & T. MIKI (1980a): A new dating method with a digital ESR. - Naturwissenschaften, 67: 191.

INOUNE, T, & S. TANAKA (1976): ^{10}Be in marine sediments. - Earth Plan. Sci. Letters, 29: 155-160.

INTERNATIONAL STUDY GROUP (1982): An inter-laboratory comparison of radiocarbon measurements in tree rings. - Nature, 298: 619-623.

IVANOVICH, M., & R.S. HARMON (Hrg.) (1982): Uranium Series Disequilibrium. Applications to Environmental Problems. - 571 S.; Oxford (Clarendon Press).

JENKINS, W.J., (1977): Tritium-helium dating in the Sargasso sea. A measurement of oxygen utilization rates. - Science, 196: 291-292.

JENKINS. W.J., & P.B. RHINES (1980): Tritium in the deep north Atlantic ocean. - Nature, 286: 877-880.

JOB, C., & J. ZÖTL (1969): Zur Frage der Herkunft des Gastainer Thermalwassers. - Steir. Beitr., 21: 51-115.

JOHNSEN, S.J., & W. DANSGAARD, & H.B. CLAUSEN, & C.C. LANGWAY, Jr. (1972): Oxygen isotope profiles through the Antarctic and Greenland ice sheets. - Nature, 235: 429-434.

KAMEN, M.A. (1963): Early history of carbon-14. - Science, 140: 584-590.

KAUFMAN, S., & W.F. LIBBY (1954): The natural distribution of tritium. - Phys. Rev., 93: 1337-1344.

KAUFMAN, A., & M, MAGARITZ (1980): The climatic history of the eastern Mediterranean as recorded in mollusk shells. - RADIOCARBON, 22, 3: 778-781.

KLEIN, J., & J.C. LERMAN, & P.E. DAMON, & E.K. RALPH (1982): Calibration of radiocarbon dates. Tables based on the consensus data of the workshop on calibrating the radiocarbon time scale. - RADIOCARBON, 24, 2: 103-150.

KOHL, G., & H. QUITTA (1963): Berlin Radiocarbon Daten archäologischer Proben I. - Ausgrabungen und Funde, 8: 281-301.

KONSTANTINOV, A.N., & G.E. KOCHAROV (1982): ^{10}Be and ^{14}C concentration in known age samples. - 13. Leningrader Seminar für Kosmophysik.

KU, T.L., & M. KUSAKABE, & D.E. NELSON, & J.R. SOUTHON, & R.G. KORTELING, & J. VOGEL, & I. NOWIKOW (1982): Constancy of oceanc deposition of ^{10}Be as recorded in manganese crusts. - Nature, 299: 240-242.

KUNTZE, H., & J. NIEMANN, & G. ROESCHMANN, & G. SCHWERDTFEGER (1981): Bodenkunde. - 407 S.; Stuttgart (Verlag Eugen Ulmer).

LANDFORD, W.A. (1977): Glass hydratation. A new method of dating glass objects. - Science, 196: 975-978.

LATHAM, A.G., & H.P. SCHWARCZ, & D.C. FORD, & G.W. PEARCE (1979): Palaeomagnetism of stalagmite deposits. - Nature, 280: 383-385.

LERMAN, J.C. (1972): Carbon-14 dating. Origin and corrections of isotope fractionation errors in terrestrial living matter. - Proc. 8th Conf. on Radiocarbon Dating: 613-624; Wellington, Neuseeland.

LERMAN, J.C., & W.G. MOOK, & J.C. VOGEL (1970): ^{14}C in tree rings from different localities. - in: OLSSON, I.U. (Hrg.): Radiocarbon Variations and Absolute Chronology: 275-301; Uppsala (Almquist & Wicksell).

LEVIN, I., & K.O. MÜNNICH, & W. WEISS (1980): The effect of anthropogenic CO_2 and ^{14}C sources on the distribution of ^{14}C in the atmosphere. - RADIOCARBON, 22, 2: 379-391.

LINICK, T.W. (1980): Bomb-produced carbon-14 in the surface water of the Pacific ocean. - RADIOCARBON, 22, 2: 599-606.

LINICK, T.W., & H.E. SUESS (1981): The atmospheric radiocarbon level during the 7th millennium B.C. - in: 1st Int. Symp. C-14 and Archaeology; Groningen.

LODGE, J.P., & G.S. BIEN, & H.E. SUESS (1960): The carbon-14 content of urban airborne particulate matter. - Int. J. Air Poll., 2: 309-312.

LONGIN, R. (1971): New method of collagen extraktion for radiocarbon dating. - Nature, 230; 241-242.

LOOSLI, H.H. (1983): A dating method with ^{39}Ar. - Earth Plan. Sci. Letters, 63: 51-62.

LOOSLI, H.H., & H. OESCHGER (1968): Detection of ^{39}Ar in atmospheric argon. - Earth Plan. Sci. Letters, 5: 191-198.

LOOSLI, H.H., & H. OESCHGER (1979): ^{39}Ar, ^{14}C und ^{85}Kr measurements in groundwater samples. - in: Isotope Hydrology 1978, 2: 931-945; Wien (IAEA).

MACDOUGALL, D.J. (1968): Thermoluminescence in Geological Materials. - New

York (Academic Press).

MACINTYRE, I.G., & O.H. PILKEY, & R. STUCKENRATH (1978): Relict oysters on the United States Atlantic continental shelf: A reconsideration of their usefulness in understanding late Quaternary sea-level history. - Geol. Soc. Am. Bull., 89: 277-278.

McKEEVER, S.W.S. (1982): Dating of meteorite falls using thermoluminescence. Application to Antarctic meteorites. - Earth Plan. Sci. Letters, 58: 419-429.

MAGARITZ, M., & A. KAUFMAN, & D.H. YAALON (1981): Calcium carbonate nodules in soils: $^{18}O/^{16}O$ and $^{13}C/^{12}C$ Ratios and ^{14}C contents. - Geoderma, 25: 157-172.

MANGERUD, J., & S. GULLIKSON (1975): Apparent radiocarbon ages of recent marine shells from Norway, Spitsbergen, and Antarctic Canada. - Quatern. Res., 5: 263-273.

MASTERS, P.M., & J.L. BADA (1979): Amino acid racemization dating of fossil shell from southern California. - in: BERGER, R., & H.E. SUESS (Hrg.): Radiocarbon Dating: 757-773; Los Angeles (Univ. California Press).

MATTHESS, G.L., & L. THILO, & W. ROETHER, & K.O.MÜNNICH (1968): Tritiumgehalte im Wasser tieferer Grundwasserstockwerke. - GWF, Wasser und Abwasser, 109: 353-355.

MAZOR, E., & A. KAUFMAN, & I. CARMI (1973): Hammat Gader (Israel): Geochemistry of mixed thermal spring complex. - J. Hydrology, 18: 289-303.

MAZOR, E., & M. BIELSKY, & B. Th. VERHAGEN, & J.P.F. SELLSCHOP, & L. HUTTON, & M.T. JONES (1980): Chemical composition of groundwaters in the vast Kalahari flatland. - J. Hydrology, 48: 147-165.

MELCHER, C.L. (1981): Thermoluminscence of meteorites and their terrestrial age. - Geochim. Cosmochim. Acta, 45: 615-626.

MERKT, J., & H. STREIF (1970): Stechrohr-Bohrgeräte für limnische und marine Lockersedimente. - Geol. Jb., 88: 137-148.

MICHELS, J.W. (1967): Archaeology and dating by hydration of obsidian. - Science, 158: 211-214;

MIKI, T., & M. IKEYA (1982): Physical basis of fault dating with ESR. - Naturwissenschaften, 69: 390-391.

MOOK, W.G. (1972): On the reconstruction of the initial ^{14}C content of groundwater from the chemical and isotope composition. - in: Proc.

8th Int. Conf. on Radiocarbon Dating: D 32-39; Wellington, Neuseeland.

MOOK, W.G., & A.F.M. DE JONG, & H. GEERTSEMA (1979): Archaeological implications of natural carbon-14 variations. - Palaeohistoria, 21: 9-18.

MOSER, H., & W. RAUERT (Hrg.) (1980): Isotopenmethoden der Hydrologie. -
400 S; Stuttgart (Borntraeger Verlagsbuchhandlung).

MÜNNICH, K.O. (1957): Messung des ^{14}C-Gehaltes von hartem Grundwasser. -
Naturwissenschaften, 34: 32-33.

MÜNNICH, K.O.(1968): Isotopen-Datierung von ·Grundwasser. - Naturwissenschaften, 55: 158-163.

MÜNNICH, K.O., & J.C. VOGEL (1959): ^{14}C-Altersbestimmung von Süßwasser-
Kalkablagerungen. - Naturwissenschaften, 46: 168-169.

MÜNNICH, K.O., & W. ROETHER, & L. THILO (1967): Dating of groundwater with
tritium and radiocarbon. - in: Isotopes in Hydrology: 305-320; Wien
(IAEA).

NERETNIEKS, I. (1981): Age dating of groundwater in fissures rock: Influence of water volume in micropores. - Water Res. Res., 17: 421-422.

NETTERBERG, F. (1978): Dating and correction of calcretes and other pedo-
cretes. - Trans. Geol. Soc. Afr., 81: 379-391.

NISHIIZUMI, K., & J.R. ARNOLD, & D. ELMORE, & X. MA, & D. NEWMAN, & H.E.
GOVE (1983): ^{36}Cl and ^{53}Mn in Antarctic meteorites and ^{10}Be-
^{36}Cl dating of Antarctic ice. - Earth Pan. Sci. Letters, 62: 407-
417.

NOWAK, H. (1968): Vorkommen und Alter von Sumpfgasen in quartären Sedimenten Nordwest-Deutschlands. - N. Arch. Niedersachsen, 17: 347-354.

NYDAL, R. (1981): Optimal number of ^{14}C samples and accuracy ,in dating
problems. - in: 1st Int. Symposium on C-14 and Archaeology; Groningen.

NYDAL, R., & K. LÖVSETH, & S. GULLIKSEN (1979): A survey of radiocarbon
variation in nature since the test ban treaty. - in: BERGER, R. &
H.E. SUESS (Hrg.): Radiocarbon Dating: 313-323; Los Angeles (Univ.
California Press).

NYDAL, R., & K. LÖVSETH, & F.H. SKOGSETH (1980): Tranfer of bomb ^{14}C to
the ocean surface. - RADIOCARBON, 22; 3: 626-635.

OAKLEY, K.P. (1963): Fluorine, uranium and nitrogen dating of bone. - in:
PYDDOKE, E. (Hrg.): Scientist and Archaeology. - London.

OAKLEY, K.P. (1980): Relative dating of the fossil hominids of Europe. - Bull. British Museum Geol. Ser., 34, 1; London.

OESCHGER, H., & J. HOUTERMANS, & H. LOOSLI, & M. WAHLEN (1970): The constancy of cosmic radiation from isotopic studies in meteorites and on the earth. - in: OLSSON, I.U. (Hrg.): Radiocarbon Variations and Absolute Chronology: 471-498; Uppsala (Almquist & Wicksell).

OESCHGER, H., & U. SIEGENTHALER, & U. SCHOTTERER, & A. GUGELMANN (1975): A box diffusion model to study the carbon dioxide exchange in nature. - Tellus, 27: 168-192.

ÖSTLUND, H.G. (1965): 1964 hurrican tritium. - in: Radiocarbon and Tritium Dating: 560-564; Pulman, Washington.

ÖSTLUND, H.G., & M. STUIVER (1980): GEOSECS Pacific radiocarbon. - RADIOCARBON, 22, 1: 25-53.

OLAUSSON, E., & B. SVENONIUS (1975): Past changes in the geomagnetic field caused by glaciations and deglaciations. - Boreas, 4: 55-62.

OLSSON, I.U. (1970): Radiocarbon Variations and Absolute Chronology. - 656 S.; Uppsala (Almquist & Wicksell).

OLSSON, I.U. (1979): The radiocarbon contents of various reservoirs. - in: BERGER, R., & H.E. SUESS (Hrg.): Radiocarbon Dating: 613-618; Los Angeles (Univ. California Press).

OLSSON, I.U. (1979a): A warning against radiocarbon dating of samples containing little carbon. - Boreas, 8: 203-207.

OLSSON, I.U., & K.G. ERIKSSON (1965): Remarks on ^{14}C dating of shell material in sea sediments. - in: SEARS, M. (Hrg.): Progress in Oceanography, 3: 253-266; Norwich (Pergamon Press).

OLSSON, I.U., & Y. GÖKSU, & A. STENBERG (1968): Further investigations of storing and treatment of foraminifera and molluscs for C^{14} dating. - Geol. Fören. Stockh. Förh., 90: 417-426.

OMOTO, K. (1972): A preliminary report on modern carbon datings at Syowa station and its neighbourhood, east Antarctica. - Antarctic Record, 43: 20-24.

ORTLAM, D. (1983): Einsatz und Möglichkeiten von Pollution-Tracer-Verfahren am Beispiel der Weser. - N. Jb. Geol. Paläont. Abh., 165: 303-325.

ORTNER, D.J., & D.W. VON ENDT, & M.S. ROBINSON (1972): The effect of temperatures on protein decay in bone. Its significance in nitrogen dating of archaeological specimens. - Am. Antiquity, 37: 514-520.

OSMOND, J.K, & J.B. COWART (1976): The theory and uses of natural uranium
    isotopic variations in hydrology. - Atomic Energy Rev., 14: 621-679.

OTLET, R.L., & A.J. WALKER, & H. LONGLEY (1983): The use of ^{14}C in natu-
    ral materials to establish the average gaseous dispersion patterns of
    releases from nuclear installations. - RADIOCARBON, 25: 593-607.

PEARSON, Jr., F.J., & W.V. SWARZENKI (1974): ^{14}C Evidence for the origin
    of arid region groundwater, northeastern province, Kenya. - in: Iso-
    tope Techniques in Groundwater Hydrology 1974, 2: 95-108; Wien
    (IAEA).

PEARSON, Jr., F.J., & C.J. NORONHA, & R.W. ANDREWS (1983): Mathematical
    modeling of the distribution of natural 14-C, 234-U, and 238-U in a
    regional groundwater system. - RADIOCARBON, 25: 291-300.

PEARSON, G.W. (1980): High precision radiocarbon dating by liquid scintil-
    lation counting applied to radiocarbon time-scale calibration. - RA-
    DIOCARBON, 22, 2: 337-345.

PEARSON, G.W., & J.R. PILCHER, & M.G.L. BAILLIE (1983): High precision
    ^{14}C measurement of Irish oaks to show the natural ^{14}C Variations
    from 200 BC-4000 BC. - RADIOCARBON, 25: 179-186.

PFANZAGL, J. (1962): Allgemeine Methodenlehre der Statistik. - in: Samm-
    lung Göschen, Band 747/747a und 746/746a; Berlin.

PLUMMER, L.N., & D.L. PARKHURST, & D.C. THORSTENSON (1983): Development of
    reaction models for ground-water systems. - Geochim. Cosmochim. Acta,
    47: 665-686.

PROTSCH, R., & R. BERGER (1973): Earliest radiocarbon dates for domestica-
    ted animals. - Science, 179: 235-239.

PRZEWLOCKI, K., & Y. YURTSEVER (1974): Some conceptual mathematical models
    and digital simulation approach in the use of tracers in hydrological
    systems. - in: Isotope Techniques in Groundwater Hydrology 1974, 2:
    425-448; Wien (IAEA).

PUCHER, R. (1977): Methode und Möglichkeiten paläomagnetischer Untersu-
    chungen in der Archäologie. - Nachr. Nieders. Urgesch., 46: 127-145.

RAISBECK, G.M., & F. YIOU, & M. FRUNEAU, & J.M. LOISEAUX (1978): Berylli-
    um-10 mass spectrometry with a cyclotron. - Science, 202: 215-217.

RAISBECK, G.M., & F. YIOU, & C. STEPHAN (1979): ^{26}Al measurement with a
    cyclotron. - Le J. Physique LETTERS, 40: 241-244.

RALPH, E.K., & H.N. MICHAEL, & M.C. HAN (1973): Radiocarbon dates and rea-
lity. - MASCA Newsletter, 9, 1: 1-20.

REARDON, E.J., & P. FRITZ (1978): Computer modelling of groundwater ^{13}C
and ^{14}C isotope compositions. - J. Hydrology, 36: 201-224.

RHODES, E.G., & H.A. POLACH, & B.G. THOM, & S.R. WILSON (1980): Age struc-
ture of Holocene coastal sediments. Gulf of Carpentaria, Australia. -
RADIOCARBON, 22, 3: 718-727.

RIGHTMIRE, C.T. (1978): Seasonal variation in P_{CO_2} and ^{13}C content
of soil atmosphere. - Water Res. Res., 14: 691-692.

ROBINSON, S.W. (1981): Natural and man-made radiocarbon as a tracer for
coastal upwelling process. - Coastal Upwelling, Coastal and Estuarine
Sciences, 1: 298-302.

ROBINSON, S.W., & D.A. TRIMBLE (1981): U.S. Geological Survey, Menlo Park,
California, radiocarbon measurements II. - RADIOCARBON, 23, 2: 305-
321.

ROETHER, W., & K.O. MÜNNICH, & H. SCHOCH (1980): On the ^{14}C to tritium
relationship in the north Atlantic ocean. - RADIOCARBON, 22, 3: 636-
646.

ROMAN, D., & P.L. AIREY (1981): The application of environmental chlorine-
36 to hydrology-I. Liquid scintillation counting. - Int. J. Applied
Rad. Isotopes, 32: 287-290.

ROSEN, A.A., & M. RUBIN (1965): Discrimination between natural and indu-
strial pollution through carbon dating. - J. Water Pollution (Wash.),
37: 1302-1307.

ROZANSKI, K., & T. FLORKOWSKI (1979): Krypton-85 dating of groundwater. -
in: Isotope Hydrology 1978, 2: 949-959; Wien (IAEA).

SALOMONS, W., & W.G. MOOK (1976): Isotope geochemistry of carbonate disso-
lution and reprecipitation in soils. - Soil Science, 122, 1: 15-24.

SARNTHEIN, M. (1980): Das Paläoklima Nordafrikas der letzten 25 Millionen
Jahre - dokumentiert in Tiefsee-Sedimenten. - Veröff. Joachim Jungi-
us-Ges. Wiss. Hamburg, 44: 47-76.

SATO, T. (1981): Electron spin resonance dating of calcareous microfossils
in deep-Sea sediment. - Rock Magnetism and Palaeogeophys., 8: 85-88,

SATTERTHWAITE, L., & E.K. RALPH (1960): New radiocarbon dates and the Maya
correlation problem. - American Antiquity, 26: 165-184.

SAUPE, F., & O. STRAPPA, & R. COPPENS, & B. GUILLET, & R. JAEGY (1980):

A possible source of error in ^{14}C dates. Vulcanic emanations (examples from the Monte Amiata district, provinces of Grosseto and Sienna, Italy). - RADIOCARBON, 22, 2: 525-531.

SCHARPENSEEL, H.W. (1979): Soil fraction dating. - in: BERGER, R., & H.E. SUESS: Radiocarbon Dating: 277-283; Los Angeles (Univ. California Press).

SCHARPENSEEL, H.W., & C. RONZANI, & F. PIETIG (1968): Comparative age determination on different humic-matter fractions. - in: Isotopes and Radiation in Soil Organic-Matter Studies: 67-18; Wien (IAEA).

SCHARPENSEEL, H.W., & H. SCHIFFMANN (1977): Radiocarbon dating of soils. A review. - Z. Pflanzenern. Bodenkde, 140: 159-174.

SCHARPENSEEL, H.W., & H. ZAKOSEK (1979): Phasen der Bodenbildung in Tunesien. - Z. Geomorph., N.F., 33: 118-126.

SCHELL, W.R., & J.R. SWANSON, & L.A. CURRIE (1983): Anthropogenic changes in organic carbon and trace metal input to lake Washington. - RADIOCARBON, 25: 621-628.

SCHNEEKLOTH, H (1965): Die Rekurrenzfläche im Großen Moor bei Gifhorn - eine zeitgleiche Bildung ? - Geol. Jb., 83: 477-496.

SCHOTTERER, U., & R. FINKEL, & H. OESCHGER, & U. SIEGENTHALER, & M. WAHLEN, & G. BART, & H. GÄGGELER, & H.R. VON GUNTEN (1977): Isotope measurements on firn and ice cores from alpine glaciers. - in: Isotopes and Impurities in Snow and Ice: 232-236; Grenoble.

SCHWABEDISSEN, H. (1978): Konventionelle oder kalibrierte ^{14}C-Daten ? - Mitt. Ur- und Frühgeschichte, 4: 110-117.

SCHWABEDISSEN, H., & B. SCHMIDT (1983): Mooreichen aus Schleswig-Holstein. - Die Heimat, 90: 12-25.

SCHWARCZ, H.P. (1980): Absolute age determination of archaeological sites' by uranium series dating of travertines. - Arcchaeometry, 22: 3-29.

SEIFERT, A. (1978): Methodischer Beitrag zur He-, Ne- und Ar-Untersuchung an Grundwässern. - Ztschr. Angew. Geol., 24: 97-100.

SHACKLETON, N.J. (1982): The deep-sea sediment record of climate variability. - Progr. Oceangr., 11: 199-218.

SHACKLETON, N.J., & N.D. OPDYKE (1973): Oxygen isotope and palaeomagnetic stratigraphy of equatorial Pacific core 28-238. Oxygen isotope temperatures and ice volumes on a 10^5 year and 10^8 year scale. - Quatern. Res., 3: 30-55.

SEGL, M., & I. LEVIN, & H. SCHOCH-FISCHER, & M. MÜNNICH, & B. KROMER, & J. TSCHIERSCH, & K.O. MÜNNICH (1983): Anthropogenic ^{14}C variations. - RADIOCARBON, 25: 583-592.

SIEGENTHALER, U., & M. HEIMANN, & H. OESCHGER (1980): ^{14}C variations caused by changes in the global carbon cycle. - RADIOCARBON, 22, 2: 177-191.

SILAR, J. (1980): Radiocarbon activity measurements of oolithic sediments from the Persian gulf. - RADIOCARBON, 22, 3: 655-661.

SMITH, D.B., & P.L. WEARN, & H.J. RICHARDS, & P.C. ROWE (1970): Water movement in the unsaturated zone of high and low permeability strata by measuring natural tritium. - in: Isotope Hydrology 1970: 73-88; Wien (IAEA).

SOMAYAJULU, B.L.K., & D. LAL, & H. CRAIG (1973): Silicon-32 profiles in south Pacific. - Earth Plan. Sci. Letters, 18: 181-188.

SONNTAG, C., & U. THORWEIHE, & J. RUDOLF, & E.P. LÖHNERT, & C. JUNGHANS, & K.O. MÜNNICH, & E. KLITZSCH, & E.M. EL SHAZLEY, & F.M. SWAILEM (1980): Paleoclimatic evidence in apparent ^{14}C ages of Saharian groundwaters. - RADIOCARBON, 22, 3: 871-878.

SPIKER, E.C., & M. RUBIN (1975): Petroleum pollutants in surface and groundwater as indicated by the carbon-14 activity of dissolved organic carbon. - Science, 187: 61-64.

SRDOC, D, & B. OBELIC, & A. SLIEPCEVIC (1981): Precise radiocarbon dating of wooden beams from St. Donat church in Zadar. - in: 1st Int. Symp. on C-14 and Archaeology; Groningen.

STENHOUSE, M.J. (1979): Further application of bomb ^{14}C as a biological tracer. - in: BERGER, R., & H.E. SUESS (Hrg.): Radiocarbon Dating: 342-354; Los Angeles (Univ. California Press).

STILLER, M., & I. CARMI, & K.O. MÜNNICH (1975): Water transport through lake Kinneret sediments traced by tritium. - Earth Plan. Sci. Letters, 25: 297-304.

STUIVER, M. (1978): Radiocarbon timescale tested against magnetic and other dating methods. - Nature, 272: 271-274.

STUIVER, M. (1978a): Carbon 14 dating. A comparison of beta and ion counting. - Science, 202: 881-883.

STUIVER, M. (1982): A high-precision calibration of the AD radiocarbon time scale. - RADIOCARBON, 24, 1: 1-26.

STUIVER, M., & H.A. POLACH (1977): Discussion. Reporting of ^{14}C data. - RADIOCARBON, 19: 355-363.

STUIVER, M., & C.J. HEUSER, & C. YONG (1978): North American glacial history extended to 75 000 Yr ago. - Science, 200: 16-21.

STUIVER, M., & P.D. QUAY (1980): Patterns of atmospheric ^{14}C changes. - RADIOCARBON, 22, 2: 166-176.

STUIVER, M., & P.D. QUAY (1980a): Changes in atmospheric carbon-14 attributed to a variable sun. - Science, 207: 11-19.

STUIVER, M. & H.G. ÖSTLUND (1980): GEOSECS Atlantic radiocarbon. - RADIOCARBON, 22, 1: 1-24.

SUESS, H.E. (1965): Secular variations of the cosmic-ray produced carbon-14 in the atmosphere and their interpretation. - J. Geophys. Res., 70: 5937-5952.

SUESS, H.E. (1967): Zur Chronologie des alten Ägypten. - Z. Physik, 202: 1-7.

SUESS, H.E. (1980): Radiocarbon geophysics. - Endeavour, 4, 3: 113-117.

SUESS, H.E. (1980a): The radiocarbon record in tree rings of the last 8000 years. - RADIOCARBON 22 (2) : 200-209.

SZABO, B.J., & G.H. MILLER, & J.T ANDREWS; & M. STUIVER (1981): Comparison of uranium-series, radiocarbon, and amino acid data from marine molluscs, Baffin island, Arctic Canada. - Geology, 9: 451-457.

TAMERS, M.A. (1969): Dating of recent events. - Atompraxis, 15: 271-276.

TAMERS, M.A. (1970): Validity of radiocarbon dates on terrestrial snail shells. - Am. Antiquity, 35: 94-100.

TAMERS, M.A. (1975): Validity of radiocarbon dates of groundwater. - Geophys. Survey, 2: 217-239.

TAMERS, M.A. (1979): Radiocarbon transmutation mechanism for spontaneous somatic cellular mutations . - in: BERGER, R., & H.E. SUESS: Radiocarbon Dating: 355-364; Los Angeles (Univ. California Press).

TAMERS, M.A., & C. RONZANI, & H.W. SCHARPENSEEL (1969): Observation of naturally occuring chlorine-36. - Atompraxis, 15: 1-5.

TAMERS, M.A., & J.J. STIPP, & R. WEINER (1975): Radiocarbon ages of groundwater as a basis for the determination of safe limits of aquifer explorations. - Environm. Res., 9: 250-264.

TAN, F.C., & A. WALTON (1975): The application of stable carbon isotope ratios as water quality indicators in coastal areas of Canada. - in:

Isotope Ratios as Pollutant Source and Behaviour Indicators: 35-46; Wien (IAEA).

TANS, P.P., & A.F.M. DE JONG, & W.G. MOOK (1978): Chemical pretreatment and radial flow of ^{14}C in tree rings. - Nature, 271: 234-235.

TANS, P.P., & A.F.M. DE JONG, & W.G. MOOK (1979): Natural atmospheric ^{14}C variation and the SUESS effect. - Nature, 280: 826-828.

TAUBER, H. (1981): ^{13}C Evidence for dietary habits of prehistoric man in Denmark. - Nature, 292: 332-333.

TAYLOR, R.E. (1983): Non-concordance of radiocarbon and amino acid racemization - deduced age estimates on human bone: Implications for the dating of the earliest homo sapiens in the New World. - RADIOCARBON, 25: 647-654.

THILO, L., & K,O, MÜNNICH (1970): Reliability of ^{14}C dating of groundwater. Effect of carbonate exchange. - in: Isotope Hydrology 1970: 259-270; Wien (IAEA).

THOMPSON, R. (1983): 14-C Dating and Magnetostratigraphy. - RADIOCARBON, 25: 229-238.

TORGERSEN, T., & W.B. CLARKE, & W.J. JENKINS (1979): The tritium/helium-3 method in hydrology. - in: Isotope Hydrology 1978, 2: 917-929; Wien (IAEA).

TSONG, I.S.T., & C.A. HOUSER, & N.A. YUSEF, & R.F. MESSIER, & W.B. WHITE, & J.W. MICHELS (1978): Obsidian hydration profiles measured by sputter-induced optical emission. - Science, 201: 339-341.

VAN DER MERVE, N.J., & J.C. VOGEL (1978): ^{13}C content of human collagen as a measure of prehistoric diet in woodland north America. - Nature, 276: 815-816.

VOGEL, J.C. (1970): ^{14}C dating of groundwater. - in: Isotope Hydrology 1970: 225-240; Wien (IAEA).

VOGEL, J.C. (1983): 14-C Variations during the upper Pleistocene. - RADIOCARBON, 25: 213-218.

VOGEL, J.C., & D. EHHALT (1963): The use of the carbon isotopes in groundwater studies. - in: Radioisotopes in Hydrology: 383-395; Wien (IAEA).

VOGEL, J.C., & I, UHLITZSCH (1975): Carbon-14 as an indicator of CO_2 pollution in cities. - in: Isotope Ratios as Pollutant Source and Behaviour Indicators: 143-150; Wien (IAEA).

VOGEL, J.C., & J. KRONFELD (1980): A new method for dating peat. - South
     Afr. J. Sci., 76: 557-558.

WALTON, A., & M.S. BAXTER, & W.J. CALLOW, & M.J. BAKER (1967): Carbon-14
     concentrations in environmental materials and their temporal fluctua-
     tions. - in: Radioactive Dating and Methods of Low-Level Counting:
     41-47; Wien (IAEA).

WATERBOLK, H.T. (1971): Working with radiocarbon dates. - in: Proc. Pre-
     hist. Soc., 37, 2: 15-33.

WEHMILLER, J.F. (1982): A review of amino acid racemizations studies in
     quaternary mollusks: stratigraphic and chronologic applications in
     coastal and interglacial sites, Pacific and Atlantic coasts, United
     States, United Kingdom, Baffin Island, and Tropical Islands. -
     Quatern. Sci. Rev., 1: 83-120.

WEISS, W., & W. ROETHER (1980): The rates of tritium input to the world
     oceans. - Earth Plan. Sci. Letters, 49, 2: 435-446.

WEISS, W., & A. SITTKUS, & H. STOCKBURGER, & H. SARTORIUS, & K.O. MÜNNICH
     (1983): Large-scale atmospheric mixing derived from meridional pro-
     files of krypton-85. - J. Geophys. Res: in Druck.

WENDT, I., & W. STAHL, & M. GEYH, & F. FAUTH (1967): Model experiments for
     ^{14}C water-age determinations. - in: Isotopes in Hydrology: 321-337;
     Wien (IAEA).

WIGLEY, T.M.L. (1976): Effect of mineral precipitation in isotopic compo-
     sition and ^{14}C dating of groundwater. - Nature, 263: 219-221.

WIGLEY, T.M.L., & L.N. PLUMMER, & F.J., PEARSON, Jr. (1978): Mass transfer
     and carbon isotope evolution in natural water systems.- Geochim. Cos-
     mochim. Acta, 42: 1117-1139.

WIGLEY, T.M.L., & A.B. MULLER (1981): Fractionation corrections in radio-
     carbon dating. - RADIOCARBON, 23, 2: 173-190.

WILLIAMS, P.M., & M.C. STENHOUSE, & E.M. DRUFFEL, & M. KOIDE (1978): Orga-
     nic ^{14}C activity in an abyssal marine sediment. - Nature, 276; 698-
     701.

WILLKOMM, H. (1983): The reliability of archaeologic interpretation of ra-
     diocarbon dates. - RADIOCARBON, 25: 645-646.

WINTLE, A.G. (1978): A thermoluminescence dating study of some Quaternary
     calcites. Potential and problems. - Can. J. Earth Sci., 15: 1977-
     1986.

WINTLE, A.G. (1982): Thermoluminescence properties of fine-grain minerals in loess. - Soil Science, 134, 3: 164-170.

WINTLE, A.G., & D.J. HUNTLEY (1982): Thermoluminescence dating of sediments. - Quatern. Sci. Rev., 1: 31-53.

WÖLFLI, W., & G. BONANI, & M. SUTER, & R. BALZER, & M. NESSIE, & Ch. STOLLER, & J. BEER, & H. OESCHGER, & M. ANDREE (1983): Radiocarbon dating with the ETHZ-EN tandem accelerator. - RADIOCARBON, 25: 725-754.

ZUBER, A., & J. GRABCZAK, & M. KOLONKO (1979): Environmental and artificial tracers for investigating leackages into salt mines. - in: Isotope Hydrology 1978, 1: 45-62.

ANHANG I: GLOSSAR DER GEOCHRONOLOGIE

__Abreicherung__, (Isotopen-) — Gegenteil von __Anreicherung__.

__Abstandsgeschwindigkeit__ — Fließgeschwindigkeit eines Grundwasser-Tracers im Untergrund. — Filtergeschwindigkeit

__AD__ [Abk., lat.] — anno domini = Jahre nach Christi Geburt (Zeitenwende); in angelsächsicher Literatur gebräuchlich. —→ BP

__Äquivalenz-Dosis__ [lat. + griech.] — Quotient aus natürlicher __Thermolumineszenz__ einer Probe und der pro __Dosiseinheit__ erzeugten künstlichen Thermolumineszenz; auch totale Dosis (Kap. 4.4.1).

__Aktivität__ —→ Zerfallsrate

__Aliquot__ [lat.] — Bruchteil einer homogenen Gesamtmenge.

__allochthon__ [griech.] — bodenfremd, umgelagert, aus dem ursprünglichen Verband gelöst. — hier: mit dem zu datierenden Objekt, z.B. der Fundschicht nicht altersgleich.

__Alpha-Zerfall__ — __radioaktiver Zerfall__ bestimmter __Isotope__ unter Emission eines zweifach positiv geladenen Helium-Kerns (Alpha-Teilchen).

__Alter__ — __konventionelles__ Alter: mit einigen __geochronologischen__ Methoden nach internationaler Vereinbarung (Konvention) ermittelte Alter, für die z.B. die __Halbwertszeit__, das __Bezugsjahr__, der __Standard__ u.a. festgelegt worden sind.

   — __Radiokohlenstoff__- (^{14}C-) — nach der LIBBYschen Modellvorstellung aus dem ^{14}C-Gehalt einer __terrestrischen__, organischen Substanz ermitteltes, mit der konventionellen __Halbwertszeit__ von 5568 Jahren berechnetes, auf AD 1950 bezogenes und δ^{13}C-korrigiertes Alter (Kap. 4.1.1).

   — __scheinbares__ Alter — (apparent age) nach einer Modellvorstellung ermitteltes Alter, die für die datierte Substanz nicht angewandt werden dürfte. Ursachen können z.B. der __Reservoir-Effekt__ oder __Kontaminationen__ sein. Scheinbare Alter weichen von den tatsächlichen nach oben oder unten ab, oft ohne den Betrag genau zu kennen.

__Anfangskonzentration__ (Anfangsgehalt) — Isotopenkonzentration einer Substanz zu Beginn der Alterung, bei der ^{14}C-Methode z.B. dem Todesjahr des Lebewesens (Kap. 4.1.1).

__Anreicherung__ (Isotopen-) — Vergrößerung der Häufigkeit eines bestimmten __Isotops__ in einem Stoff durch physikalische oder chemische Isotopenfrak-

tionierung.

anthropogen — vom Menschen geschaffen, unter seinem Einfluß entstanden oder verändert.

Antikoinzidenz [lat.] — nicht gleichzeitig eintretende Ereignisse; hier: Impuls, der nur in einem von zwei oder mehreren parallel geschalteten Detektoren auftritt.

ANU-Standard (Australian National University) — Sekundär-**Standard** der ^{14}C-Methode (Kap. 4.1.1.5). → NBS-Oxalsäure

Apatit-Datierung — ^{14}C-Alterbestimmung (Kap. 4.1.1) des im Knochenapatit eingebauten Kohlenstoffs, der gegen **Isotopenaustausch** anfällig ist. Apatit-^{14}C-Alter sind deshalb weniger zuverlässig als die am **Kollagen** bestimmten.

archäologische Dosis — Äquivalenzdosis

Atmosphäre [griech.] — Luftschicht der Erde. → Tropo- und Stratosphäre

Aufbereitung — chemische und physikalische Behandlung von Proben, um für die Messung geeignete Fraktionen abzutrennen oder herzustellen und **Kontaminationen** zu beseitigen.

Austausch (Ionen-, Isotopen-) — Prozeß zwischen zwei oder mehreren Stoffen, bei dem **Ionen**, **Isotope** eines **Elements** oder Moleküle wechselseitig ausgetauscht werden. Es ändern sich die Ionen- bzw. Isotopenkonzentrationen, nicht aber die Zahl der beteiligten **Ionen** bzw. **Nuklide**, da nur Atome, Ionen oder **Radikale** einer chemischen Verbindung durch andere ersetzt werden. Beim Molekularaustausch gehen Moleküle von einer **Phase** in eine andere über. → Fraktionierung

autochthon [griech.] — bodenständig, ureingesessen, an Ort und Stelle entstanden. — hier: mit dem zu datierenden Objekt altersgleich. → allochthon

Baumringanalyse — sukzessive Messung der Jahresringabstände in der Wachstumsrichtung auf einer Holzscheibe und Einordnung des Musters in eine, für das Wachstumsgebiet gültige, **dendrochronologische Zeitskala**.

Beschleuniger (Teilchen-) — Maschine, die **Ionen** im elektrischen **Feld** auf hohe Energien beschleunigt. In der **Geochronologie** werden Beschleuniger als hochauflösende **Massenspektrometer** eingesetzt (Kap. 3.2).

Beta-Zerfall — Zerfall bestimmter **Isotope** unter Emission von **Elektronen**.

Bezugsjahr (Referenzjahr) — für die **geochonologischen Zeitskalen** wird **AD** 1950, für den **Gregorianischen Kalender** Christi Geburt (Zeitenwende)

verwendet.

__Biosphäre__ [griech.] — Gesamtheit aller lebenden Organismen.

__Biostratigraphie__ [griech + lat.] — Arbeitsgebiet der Geowissenschaft, das sich mit der Aufeinanderfolge und Einordnung von Schichten aufgrund ihrer Fossilinhalte befaßt. → Stratigraphie

__Bioturbation__ [griech + lat.] — Störung von Ablagerungen durch die Wühltätigkeit der Tiere oder durch Wurzeln, die bis zum Verschwinden der Schichtung führen kann. Ablagerungen, in denen Bioturbation sichtbar ist, sind für die Datierung kaum geeignet.

__B.P.__ [Abk., engl.] — before present; Jahre vor 1950, dem Bezugsjahr aller __geochronologischen__ Zeitskalen.

__CALVIN-(C3-)-Zyklus__ — häufigste Assimilationsart der Pflanzen humider Gebiete, die zu einer __Abreicherung__ der ^{13}C-Isotopenhäufigkeit um -17 ^{o}/oo führt (Kap. 4.1.1.4). → HATCH-SLACK-Zyklus

X^2-Test → Test

__Chronostratigraphie__ griech. + lat. — Methode, Schichten aufgrund ihrer Alter zu korrelieren und einzuordnen. → Stratigraphie

__Curie-Temperatur__ — substanzspezifische Temperatur, oberhalb der __ferromagnetische__ Stoffe __paramagnetische__ Eigenschaften annehmen (Kap. 4.5.1).

__Datierungsbereich__ [lat.] — Altersbereich, der mit einer Datierungsmethode überdeckt wird. → Anwendungsspiegel (Anhang II)

__Datierungsgenauigkeit__ — zeitliches Auflösungsvermögen einer Datierungsmethode , deren Maß die __Standardabweichung__ der Altersangabe ist. Sie wächst mit abnehmender Datierungsgenauigkeit (Kap. 4.1.1.3).

__Delta-Wert (δ-)__ — übliche Angabe der auf eine Standardsubstanz (PDB, SMOW) bezogenen Häufigkeitsverhältnisse der Wasserstoff-, Sauerstoff- und __Kohlenstoff-Isotope__ (Kap. 4.1.1.4 & 4.5.2).

__Dendrochronologie__ [griech.] — Arbeitsgebiet der Geochronologie, das sich mit der auf ein __Jahr__ genauen Datierung von Holzscheiben durch die __Baumringanalyse__ befaßt.

__Dendro-Jahr__ [griech.] — aufgrund des jährlichen Baumringwachstums vorgegebenes Alter, das nicht unbedingt ein übliches Bezugsjahr haben muß.

__Destillation, fraktionierte__ [lat.] — Trennung von Gas- oder Flüssigkeitsgemischen in ihre Komponenten.

__Detektor__ — Gerät zur Messung z.B. radioaktiver Strahlung durch deren Umwandlung in meß- oder zählbare, elektrische oder optische Signale (Kap.

3.1). → **Zählrohre, Szintillationszähler, Halbleiterzähler**

<u>Detritus</u> [lat.] — zerriebenes Gestein, Geröll oder Substanz.

<u>DE-VRIES-Effekt</u> — Änderung der ^{14}C-**Anfangskonzentration** des atmosphärischen Kohlendioxids innerhalb der letzten 300 Jahre (Kap. 4.1.1.7). Ursachen waren eine variierende **Radiokohlenstoff**produktion und eine klimatisch bedingte Umverteilung des Kohlenstoffs in den globalen **Reservoiren** (**Biosphäre, Hydrosphäre, Atmosphäre**).

<u>Diagenese</u> [griech.] — Umwandlung eines Sediments als Folge chemischer Reaktionen, Änderung der Modifikation oder Verfestigung.

<u>Diffusion</u> [lat.] — wechselseitige Durchdringung gasförmiger, flüssiger oder fester Stoffe, die miteinander in Berührung stehen.

<u>Dipolfeld</u> [griech.] — magnetisches oder elektrisches **Feld** eines Stabmagneten bzw. zweier elektrischer Ladungen.

<u>Dipolmoment, erdmagnetisches</u> — das erdmagnetische **Feld** entspricht in erster Näherung dem eines Stabmagneten (**Dipolfeld**), dessen Moment durch das Produkt aus magnetischer Ladung und kürzestem Polabstand gegeben ist. Der **Vektor** des Dipolmoments weist vom magnetischen Südpol zum Nordpol (Kap. 4.5.1).

<u>diskordant</u> [lat.] — ungleichsinnige, gestörte, nicht übereinstimmende Lagerung von Gesteinsschichten.

<u>Dispersion</u> [lat.] — Zerteilung, Zerstreuung. — hier: teilweise Mischung während der Verdrängung eines Mediums durch ein anderes.

<u>Dosis</u>, Dosisrate → Strahlendosis

<u>Eem</u> [holl.] — **Interglazial** vor dem Holozän um 120 000-100 000 a v.h.

<u>Einzugsgebiet</u> — Gebiet der Grundwasserneubildung (Kap. 6.5).

<u>Elektron</u> [griech.] — negativ geladenes Elementarteilchen mit 1/1837 der **Protonenmasse**.

<u>Elektronen-Spin-Resonanz-Analyse</u> → ESR-Spektroskopie

<u>Element, chemisches</u> [lat.] — chemisch nicht weiter trennbarer Grundstoff, der aus Atomen der gleichen **Protonenzahl** (Ordnungszahl) besteht.

<u>enantiometrisches Verhältnis</u> [griech.] — Verhältnis aus den Anzahlen spiegelbildlicher Moleküle eines Stoffes (Kap. 4.6.1).

<u>Erwartungswert</u> — **poisson**- und **normalverteilte** Stichprobenwerte liegen quasi symmetrisch um den Erwartungswert. Er ist mit dem Mittelwert unendlich vieler Stichprobenwerte identisch (Kap. 4.1.1.3).

<u>ESR-Spektroskopie</u> [lat. + griech.] — (Elektronenspin-Resonanz, auch EPR)

empfindliches analytisches Verfahren zur Messung der **paramagnetischen** Eigenschaften von Atomen und Molekülen. Je nach Besetzung des **Kristall-gitters** absorbieren **Elektronen**, deren **Spin** mit der Frequenz eines äusseren, magnetischen Wechselfeldes zum Umklappen gezwungen werden, unterschiedlich viel Energie (Kap. 4.4.2).

<u>eutroph</u> [griech.] — nährstoffreich.

<u>Exponentialmodell</u> [lat.] , hydrogeologisches — **Modellvorstellung** zur Berechnung der **Verweilzeit** des langfristigen Karstwassers, das aus verschieden alten Komponenten besteht, deren Mengenanteile mit wachsendem Jahrgang etwa exponentiell zunehmen (Kap. 6.5).

<u>fall out</u> [engl.] — radioaktiver Niederschlag, der bei **Kernwaffen-Explosi-**onen oder durch Kernkraftwerke erzeugt wurde und wird (Kap. 4.5.3).

<u>Fehler</u> —► Standardabweichung

<u>Fehlstelle</u> — beim Wachstum von Kristallen oder danach durch ionisierende Strahlung entstandene Fehlbesetzung im Feststoffgitter.

<u>Feld</u> — trägerfreie, räumliche Verteilung der von einem Stoff ausgehenden physikalischen Wirkung. Die Feldstärke ist ein Kraftvektor, der die Richtung und Stärke des Feldes an einem beliebigen Punkt beschreibt.

<u>Ferromagnetismus</u> [lat. + griech.] — an kristalline Zustände gebundene, hohe Magnetisierbarkeit von Eisen, Nickel und Kobalt, die zu **Sättigung** neigt und oberhalb der **Curietemperatur** auf ein niedriges Niveau zurückgeht. —► paramagnetisch

<u>Filtergeschwindigkeit</u> — Mengengeschwindigkeit = **Abstandsgeschwindigkeit** multipliziert mit dem nutzbaren Porenvolumen des Grundwasserleiters.

<u>Flüssigkeits-Szintillationszähler</u> [lat.] — Detektor zur Messung **radioak-tiver** Strahlung einer flüssigen oder suspendierten Probe, der ein Szintillationscocktail zugemischt ist. Radioaktive Strahlung erzeugt Lichtimpulse, die auf elektrischem Wege gezählt werden (Kap. 3.1).

<u>Foraminiferen</u> [lat.] — zu den Urtieren gehörende, im Ozeanwasser lebende Wurzelfüßler mit durchlöcherten, kieseligen oder chitinösen Schalen.

<u>fossil</u> [lat.] — außerhalb des **Datierungsbereichs** einer Methode liegend, also z.B. bei **Radiokohlenstoff** älter als ca. 70 000 Jahre (Kap. 4.1.1).

<u>Fraktionierung</u> [lat.] , (Isotopen-) — Veränderung der **Isotopenzusammenset-**zung während des Ablaufs chemischer oder physikalischer Prozesse. Die Ursachen sind unterschiedliche Prozeßgeschwindigkeiten der aus verschiedenen Isotopen aufgebauten, sonst aber gleichartigen Moleküle. Der

Fraktionierungsfaktor entspricht dem Quotienten aus den Isotopenhäufigkeiten eines Stoffs vor und nach einem Prozeß.

Gamma-Strahlung — beim Zerfall vieler Isotope emittierte, energiereiche, elektromagnetische Strahlung.

Genauigkeit —➤ Datierungsgenauigkeit

Geochronologie [griech.] — Zweig der Naturwissenschaften, der die absolute Altersbestimmung zum Inhalt hat und sich mit dem zeitlichen Ablauf geologischer Ereignisse befaßt.

Gitter —➤ Kristallgitter

Glazialzeit [lat.] — Eiszeit, in der große, außerpolare Flächen mit Gletschern und Inlandeis bedeckt waren.

Gleichgewicht, radioaktives — Dauerzustand eines Systems, bei dem sich die Atomzahlen der Glieder einer natürlichen Zerfallsreihe nicht verändern und den Halbwertszeiten direkt proportional sind (säkulares Gleichgewicht). Wenn die Halbwertszeit eines Mutterisotops relativ klein, aber immer noch größer als die seines Tochterisotops ist, stellt sich ein laufendes, radioaktives Gleichgewicht ein, bei dem zwar das Verhältnis der Atomzahlen von Mutter- und Tochternukliden konstant bleibt, die Absolutzahlen aber mit der Halbwertszeit des Mutterisotops abnehmen (Kap. 4.3).

Gleichgewicht, stationäres [lat.] — Dauerzustand eines geschlossenen, dynamischen Systems, in dem sich bestimmte Zustandsgrößen nicht ändern.

Glockenkurve (GAUSSsche) — Häufigkeitsverteilung von Beobachtungsergebnissen. —➤ Normalverteilung

Glühkurve — graphische Aufnahme der Thermolumineszenz-Emission, die beim Erwärmen bestimmter, vorher bestrahlter Stoffe entsteht (Kap. 4.4.1).

Gregorianischer Kalender — gültiger Kalender. Die Einheit ist das Sonnenjahr; das Geburtsjahr Jesu Christi entspricht dem Jahr Null. Der Gregorianische Kalender wurde 1582 von Papst Gregor XIII eingeführt. Er löste den korrekturbedürftigen Julianischen Kalender ab.

Gütefaktor eines Detektors — Zahl, die die Güte eines Detektors beschreibt und ein Maß für die zu erzielende Datierungsgenauigkeit während einer vorgegeben Meßzeit ist.

Häufigkeit — Verhältnis aus der Anzahl von Werten interessierender Ausprägung.

Häufigkeitsverteilung (Dichtefunktion) — Funktion, die die Häufigkeit der

Werte einer vorliegenden **Stichprobe** für einzelne Meßwertintervalle (Klassen) angibt.

Halbleiterzähler — aus einem Halbleiter gebauter **Detektor**, dessen Elektroden durch zwei metallisierte Seiten gebildet werden. Wird Spannung angelegt, erzeugt **ionisierende Strahlung** Stromimpulse. Halbleiterzähler zeichnen sich durch ein sehr hohes Energieauflösungsvermögen und große Nachweisempfindlichkeit (Kap. 3.1) aus.

Halbwertszeit — isotopen- oder stoffspezifische Konstante: Zeitspanne, in der die Hälfte einer ursprünglich vorhandenen Zahl an **Radionukliden** bzw. Molekülen zerfällt oder sich verändert (Kap. 2.1 & 4.6.1). Man unterscheidet in der **Geochronologie** die physikalische (tatsächliche) von der konventionellen Halbwertszeit. Letztere ist international für die Berechnung **konventioneller Alter** festgelegt. ^{14}C-Alter (Kap. 4.1.1) werden z.B. mit 5568 Jahren berechnet, obwohl die physikalische **Halbwertszeit** 5730 Jahre beträgt.

Hartwasser-Effekt — Spezialfall des **Reservoir-Effekts**: Erscheinung, daß im Grundwasser oder in Süßwasserseen gebildete Substanzen (Kap. 6.6) eine geringere ^{14}C-Anfangskonzentration haben als z.B. Holz. Proben, die vom Hartwasser-Effekt betroffen sind, ergeben **scheinbare** ^{14}C-Alter (Kap. 4.1.1.8), die größer sind als die von gleichaltem Holz. → Reservoir-Effekt

HATCH-SLACK-(C4-)-Zyklus — Assimilationsart einiger, insbesondere in semiariden Gebieten lebender Pflanzen, die zu einer **Anreicherung** der ^{13}C-Atome um mehr als +7 ^{O}/oo führt. → CALVIN-Zyklus

Histogramm [griech.] — graphische Darstellung einer Häufigkeitsverteilung oder Dichtefunktion von Meßergebnissen (Kap. 5.4.6).

Holozän [griech.] — auch Postglazial; Warmzeit nach Beendigung der Würm/Weichsel-Eiszeit seit 10 000 Jahren v.h.

Huminsäuren [lat.] — durch Zersetzung organischer Substanzen im Boden entstehende, amorphe Verbindungen.

Hydratation [griech.] — Anlagerung von Wassermolekülen an Atome, Moleküle oder Kolloide unter Bildung von Hydraten (Kap. 4.6.2).

Hydoisochronen [griech.] — Linien gleichen Wasseralters.

Hydrosphäre [griech.] — Wasserhülle der Erde, zu der die Meere, die Binnengewässer, das Grundwasser sowie Schnee und Eis gehören.

Industrie-Effekt → SUESS-Effekt

Injektionskurve (auch Eintrag, input) [lat.] — zeitliche Änderung der
Isotopenkonzentration (z.B. ^{14}C, ^{3}H, ^{85}Kr) eines Reservoirs (Atmosphäre, Hydrosphäre) als Folge der Injektion anthropogener Radionuklide (Kap. 4.5.3) seit Anfang der Fünfziger Jahre (Fig. 2).

in situ [lat.] — in der ursprünglichen Lage oder Position befindlich.

Interglazialzeit [lat.] — Zeitabschnitt zwischen aufeinander folgenden
Glazialzeiten mit warmen Klima und entsprechender Fauna and Flora.

Interstadialzeit [lat. + griech.] — Zeitabschnitt innerhalb einer Glazialzeit mit kurz andauernder Klimaverbesserung und Rückzug des Eises,
aber Erhaltung der charakteristischen Fauna und Flora.

Ion [griech.] — ein- oder mehrfach geladenes Atom. Ein positives und ein
negatives Ion, deren Ladungen sich aufheben, bilden ein Ionenpaar.

Ionen- (Isotopen-) Austausch —➤ Austausch

Ionisation [griech.] — Vorgang, bei dem vornehmlich Elektronen aus der
Atomhülle abgetrennt oder in ihr eingelagert werden und geladene Atome
entstehen. —➤ Ion

Ionium [griech.] — alpha-strahlendes Thorium-Isotop der Massenzahl 230,
das aus dem Mutterisotop ^{234}U der ^{238}U-Zerfallsreihe entsteht (Fig.
9) und eine Halbwertszeit von 75 200 Jahren hat (Kap. 4.3).

Irrtumswahrscheinlichkeit — 100 % minus Sichereitswahrscheinlichkeit.

Isomere [griech.] — chemische Verbindungen mit gleichen Brutto-, aber unterschiedlichen Strukturformeln. Spiegelbildlich aufgebaute Isomere
(auch Enantiomere) unterscheiden sich in ihren optischen Eigenschaften
(Kap. 4.6.1).

Isotop [griech.] — Atome eines chemischen Elements mit gleicher kernphy-
sikalischen Masse. Es gibt stabile und radioaktive Isotope. Letztere
zerfallen mit isotopenspezifischen Halbwertszeiten unter Emission radioaktiver Strahlung.

Isotopen-Abreicherung — Gegenteil von Isotopenanreicherung

Isotopen-Anreicherung —➤ Anreicherung

Isotopen-Austausch —➤ Austausch

Isotopen-Fraktionierung —➤ Fraktionierung

Jahr — Dauer eines Bahnumlaufs der Erde um die Sonne. Das siderische Jahr
wird auf den Fixsternhimmel bezogen und entspricht der Zeitspanne, die
die Sonne braucht, um von einem beliebigen Fixstern-Standort ausgehend,
auf ihrer scheinbaren Himmelsbahn zum Ausgangpunkt zurückzukehren. Das

astronomische und das tropische Jahr beziehen sich auf den Widderpunkt am Fixsternhimmel. Sie sind unbedeutend kürzer. Das Kalenderjahr ist die Zeiteinheit des **Gregorianischen Kalenders.**

<u>Kalibration</u> [griech.] — Justierung von Meßgeräten oder Anpassung von Zeitskalen.

<u>Kernwaffen-Effekt</u> — Änderung des ^{14}C-Gehalts des **atmosphärischen** Kohlendioxids und des **Tritium**-Gehalts in den Niederschlägen durch Zumischung **anthropogenen,** z.B. bei Kernwaffenversuchen erzeugten ^{14}C und ^{3}H (Kap. 4.5.3, Fig. 2). ⟶ Injektionskurve

<u>Klasse</u> — in der Statistik Meßwertintervall einer **Häufigkeitsverteilung.**

<u>Kohlensäure im Grundwasser</u> — gelöstes Kohlendioxid (freie Kohlensäure) und Hydrogenkarbonat (gebundene Kohlensäure; Kap. 6.5).

<u>Kohlenstoff-Isotope</u> — in der Natur gibt es zwei stabile **Isotope** des Kohlenstoffs ^{12}C mit rund 99 % und ^{13}C (Kap. 4.1.1.4) mit 1 %. Das in der **Geochronologie** wichtige **kosmogene** Isotop ^{14}C kommt in der **Bio-** und **Atmosphäre** mit einer Häufigkeit von 10^{-12} (Kap. 4.1.1) vor.

<u>Koinzidenz</u> [lat.] — Gleichzeitigkeit von Impulsen in zwei oder mehreren, parallel geschalteten **Detektoren.** ⟶ Antikoinzidenz

<u>Kokkolithe</u> [griech.] — mikroskopisch kleine, scheibenförmige Kalkkörper organischen Ursprungs.

<u>Kollagen</u> [griech.] — Eiweiß, das im Bindegewebe von Knorpel und Knochen enthalten ist.

<u>Kontamination</u> [lat.] — Beimengung **allochthoner** Stoffe wie z.B. Wurzeln oder **Huminsäuren** unbekannter Isotopenzusammensetzung bzw. unbekannten Alters in der zu datierenden Subszanz (Kap. 4.1.1.9).

<u>Kontinental-Effekt</u> [lat.] — Zunahme der ^{2}H-, ^{18}O- und **Tritium**-Gehalte landeinwärts (Kap. 4.5.2).

<u>konventionelle Alter</u> ⟶ Alter

<u>Koprolithe</u> [griech.] — **fossile** Exkremente vorweltlicher Tiere (Saurier, Fische u.a.).

<u>Korrektur-, δ^{13}C</u> — Korrektur des ^{14}C-Alters einer Substanz mit beliebigem δ^{13}C-Wert auf -25 ^{o}/oo, um durch Isotopenfraktionierungen bedingte Unterschiede der ^{14}C-Gehalte gleichalter Proben auszugleichen (Kap. 4.1.1.4).

<u>Korrektur, dendrochronologische</u> — Umformung konventioneller ^{14}C-Alter in Kalenderjahre mit Hilfe von Tabellen oder Kurven, die sich aus den

^{14}C-Daten dendrochronologisch datierter Hölzer ergeben (Kap. 4.1.1.7). ⟶ Baumringanalyse

<u>kosmische Strahlung</u> — extraterrestrische, energiereiche Teilchenstrahlung, die Kernprozesse in der **Atmosphäre** auslöst, bei denen **kosmogene Radionuklide** erzeugt werden (Kap. 4.1).

<u>kosmogen</u> [griech.] — durch kosmische Strahlung erzeugt.

<u>Kristallgitter</u> — sich wiederholende, räumliche Anordnung von Atomen, Ionen und Molekülen als Bausteine von Kristallen. Aus Ionen aufgebaute Feststoffe wie z.B. Kochsalz haben ein Ionengitter.

<u>Kriterium, (16- oder 26-)</u> ⟶ Mutungsintervall

<u>LIBBY-Modellvorstellung</u> — Modellvorstellung der ^{14}C-Methode (Kap. 4.1.1)

<u>limnisch</u> [griech.] — in Süßwasserseen entstanden oder ihnen angehörig.

<u>Lithosphäre</u> [griech.] — Erdmantel aus festen Gesteinen.

<u>Lithostratigraphie</u> [griech.] — Methode zur Einordnung von Schichten aufgrund der Beschaffenheit der Gesteine.

<u>low-level-Technik</u> [engl.] — Sammelausdruck für die präparativen und meßtechnischen, **radiometrischen** Verfahren zur Ermittlung der sehr niedrigen Konzentrationen seltener, **radioaktiver**, meist **kosmogener Isotope** (Kap. 3.1).

<u>Magnetisierung, remanente</u> [griech. + lat.] — Magnetisierung eines **ferromagnetischen** Stoffs, die nach Entfernung eines bis zur **Sättigung** erregenden magnetischen Felds verbleibt.

<u>Magnetometer</u> [griech.] — Gerät zur Messung des magnetischen **Dipolmoments** bzw. der magnetischen **Feldstärke** (astatisches und Spinner-Magnetometer).

<u>Massenspektrometer</u> — Gerät zur Messung der Häufigkeitsverhältnisse von Isotopen (Kap. 3.2), vor allen von stabilen.

<u>Massenzahl, kernphysikalische</u> — Masse eines Atomkerns = Vielfaches der Protonenmasse.

<u>Maximalalter</u> — höchstes, mit einer Anlage bestimmbares **Alter**, das bei **radiometrischen** Methoden etwa der 10fachen **Halbwertszeit** des betreffenden Radionuklids entspricht (Kap. 4.1).

<u>Median</u> [lat.] — Wert, der eine Häufigkeitsverteilung in zwei Stichproben gleicher **Häufigkeit** teilt. Der Median entspricht dem Mittelwert bei symmetrischen Verteilungen (Kap. 5.4.3).

"memory"-Effekt [engl.] ("Gedächtnis-Effekt") -- **Kontamination** einer Probe
in Geräten zur **Aufbereitung** oder Messung durch Verschleppung und Zumischung eines Rests der Vorgängerprobe.

metastabil [griech. + lat.] — vorübergehend in einem Zustand oder **Phase**
befindlich, der bzw. die nicht den äußeren Bedingungen entspricht.

Minimalalter — kleinstes, mit einer Meßanlage oder Methode bestimmbares
Alter (Kap. 4.1.1.5).

Modell — anschauliche Beschreibung eines **Systems**. Mit Boxenmodellen werden z.B. komplexe Prozesse und Vorgänge in räumlich und zeitlich begrenzte, miteinander gekoppelte Einheiten (Boxen) aufgelöst. Jede Box
wird durch den Ort und den Vorgang, der in ihr abläuft, beschrieben. Die
Parameter des Boxenmodells - Kopplungs- und Zeitkonstanten, räumliche
Grenzwerte und Aufteilungen - werden solange variiert, bis die Rechen-
ergebnisse mit den Meßwerten des Systems ausreichend genau übereinstimmen.

Modellvorstellung — Konzeption, auf der jede Methode der **Altersbestimmung**
aufbaut. Die Modellvorstellung enthält die Voraussetzungen, bei deren
Erfüllung bestimmte Eigenschaften (z.B. die **Isotopenkonzentration**) dem
Alter einer Substanz entsprechen (Kap. 4.1).

Mutterisotop — **Radionuklid**, das in ein **Tochterisotop** zerfällt (Kap. 4.3).

Mutungsintervall — Wertebereich, der den **Erwartungswert** einer Stichprobe
mit einer vorgegebenen Sicherheitswahrscheinlichkeit einschließt, die
für das Mutungsintervall = Mittelwert $\pm$ **Standardabweichung** 68 % beträgt (Kap. 5.4.3).

NBS-Oxalsäure-Standard (National Bureau of Standards, Washington D.C.) —
international festgelegter Primärstandard der ^{14}C-Methode (Kap.
4.1.1.5). 95 % seiner Aktivität entsprechen der **SUESS**-korrigierten
^{14}C-Konzentration eines Baumrings, der im Jahr AD 1950 gewachsen ist.

Neutron [griech.] — ungeladener Baustein der Atomkerne mit der kernphysi-
kalischen Masse 1. —> **Proton**

Nichtdipolfeld, erdmagnetisches — Restmagnetfeld, das sich nach Abzug
eines gedachten erdmagnetischen **Dipolfelds** vom tatsächlichen ergibt
(Kap. 4.5.1).

Normalverteilung (Glockenkurve) — symmetrische, glockenförmige **Häufigkeitsverteilung** von Beobachtungsergebnissen oder Stichproben (Kap.
5.4.3).

<u>Nukleon</u> [lat. + griech.] — Baustein der Atomkerne: **Neutronen, Protonen.**

<u>Nulleffektsprobe</u> — **Standard**, dessen **Aktivität** Null ist. Die Nulleffekts-
zählrate (Nulleffekt) eines **Detektors** wird von der Umgebungsstrahlung
und der Eigenaktivität bestimmt.

<u>Obsidian</u> [lat.] — schwarzes oder graues Gesteinsglas, das beim Erstarren
vulkanischer Schmelzflüsse entstanden ist. Obsidiane wurden im Neolithikum (Jungsteinzeit) zu Messern und Pfeilspitzen verarbeitet (Kap.
4.6.2).

<u>Ökologie</u> [griech.] — Wissenschaftszweig über die Beziehungen zwischen den
Lebewesen und ihrer Umwelt.

<u>Ooide</u> [griech.] — konzentrisch schalige, erbsengroße, karbonathaltige Kü-
gelchen mit Kristallisationskernen.

<u>Oolith</u> [griech.] — durch kalkigen Zement verbundene Ooide.

<u>Paläomagnetismus</u> [griech.] — in Gesteinen vorhandene **Remanenzmagnetisie-
rung**, die dem **erdmagnetischen** Dipolmoment zum Zeitpunkt der letzten Abkühlung der Gesteine unter die **Curietemperatur** proportional ist. Die
remanente **Magnetisierung** erlaubt unter bestimmten Voraussetzungen, die
Alter von Gesteinen zu bestimmen (Kap. 4.5.1).

<u>Paramagnetismus</u> [griech.] — Eigenschaft von Stoffen, im magnetischen
Feld eine dessen Stärke und Richtung proportionale **Magnetisierung** anzunehmen. —→ Ferromagnetismus

<u>pcm</u> (auch %modern; procent modern) [engl.] — Einheit der ^{14}C-Konzentra-
tion. 100 pcm entsprechen der **SUESS-korrigierten** ^{14}C-Konzentration
von Holz des Jahrgangs 1950 (Kap. 4.1.1.10). —→ NBS-Oxalsäure-Standard

<u>PDB-Standard</u> - international anerkannter **Standard** für δ^{13}C- und δ^{18}O-
Bestimmungen organischer Stoffe und von Karbonaten. Der Standard wird
von einem Belemniten der PEE-DEE-Formation in den USA hergeleitet. —→
SMOW-Standard

<u>Peak</u> [engl.] —→ Kurvengipfel.

<u>pelagisch</u> [griech.] — aus mehr als etwa 800 m Ozeantiefe stammend.

<u>Perlit</u> [Kunstwort] — wasserhaltiges Gesteinsglas.

<u>Phase</u> [griech.] — homogene, in allen Teilen physikalisch und chemisch
gleichartige Zustandsform von Stoffen, die durch scharfe Trennflächen
abgegrenzt, optisch unterscheidbar und mechanisch trennbar ist.

<u>Plankton</u> [griech.] — Gesamtheit der in den Ozeanen freischwebend lebenden
Tiere (Zooplankton) und Pflanzen (Phytoplankton), die mit den Strö-

mungen umhergetrieben werden und keine Eigenbewegung haben.

Pleistozän [griech.] — Unterabteilung des Quartärs. Es begann vor weniger
als vier Millionen Jahren und reichte bis 10 000 Jahre v.h.

Poisson-Verteilung — statistisch verteilte Ereignisse, deren untersu-
chungswichtige Klassen innerhalb einer großen Beobachtungsreihe nur
selten besetzt sind. Ein Beispiel ist der Zerfall von **Radionukliden**
innerhalb vorgegebener Zeitspannen (Kap. 5.4.3).

Postglazial — **Holozän**

Proportionalzählrohr — **Zählrohr**

Proton [lat.] – positiv geladener Baustein der Atomkerne mit der kernphy-
sikalischen Masse 1. Chemische Elemente bestehen aus Atomen der gleichen Protonenzahl (Ordnungszahl).

Quartär [lat.] — jüngste geologische Formation, die minimal zwei, maximal
vier Millionen Jahre dauert.

rad — Einheit der **Dosis**.

Radiokohlenstoff — **Kohlenstoff-Isotope**

Radikal [lat.] — Gruppe von Atomen, die bei chemischen Reaktionen als
Ganzes von einer Verbindung in eine andere übergeht.

radioaktiv [lat.] — beim **Zerfall** von Atomkernen Strahlung aussendend. —
Zerfallsgesetz

radiogen [lat. + griech.] — beim **radioaktiven Zerfall** entstanden.

Radiometrie [lat. + griech.] — Messung der Intensität und Energie **radioaktiver Strahlung**.

Radionuklid [lat. + griech.] — Substanz, die aus einer **radioaktiven** Kern-
art besteht; radioaktives Atom.

Radon [lat.] — radioaktives Edelgas (Emanation) der Ordnungszahl 86, das
durch **Alpha-Zerfall** aus Radium-226 entsteht und ein Tochter-Isotop
der ^{238}U-Zerfallsreihe (Fig. 10) ist.

Razemisierung [lat.] — Übergang einer optisch aktiven Substanz in eine
optisch neutrale (Razemat), die gleiche Anteile optisch links- und
rechtsdrehender Isomere enthält (Kap. 4.6.1).

Referenzjahr [lat.] — **Bezugsjahr**

Regressionsanalyse [lat. + griech.] — mathematisches Verfahren, mit Hilfe
des Prinzips der kleinsten Quadrate die Parameter einer vorgegebenen
Funktion (am einfachsten eine Gerade) zu bestimmen, die mit der maximalen Dichte einer Punktmenge am ehesten zusammenfällt.

Remanenzmagnetisierung → Magnetisierung

Reservoir-Effekt — Altersverfälschung durch Reservoir-spezifische, von der **Modellvorstellung** abweichende **Anfangskonzentrationen** (Kap. 4.1.1.8).

Resonanzstrahlung (-schwingung) lat. — von einem Atom emittierte, durch elektromagnetische Strahlung bestimmter Wellenlänge (Energie) angeregte, charakteristische Strahlung (Kap. 4.4.2).

rezent [lat.] — in der Gegenwart lebend; hier: entweder durch **anthropogene** Effekte markiert (Kap. 4.5.3) oder so jung, daß die **Anfangskonzentration** (Kap. 4.1) gilt.

Säkularvariation [lat.] , erdmagnetische — Änderung der Resultierenden des erdmagnetischen Moments durch Wanderung und Variation des erdmagnetischen **Nichtdipolfeldes** (Kap. 4.5.1).

Sättigungskonzentration — zeitlich unveränderliche **Radionuklidkonzentration** eines geschlossenen **Systems**, die sich theoretisch nach unendlich langer Zeit, praktisch nach mehreren **Halbwertszeiten,** einstellt, wenn das Radionuklid mit konstanter Rate produziert wird (Kap. 2.1).

scheinbares Alter —→ Alter

Sicherheitswahrscheinlichkeit — **Wahrscheinlichkeit**, mit der eine durch einen statistischen Test gefällte Entscheidung zutrifft.

Sigma- (σ-) Kriterium —→ Mutungsintervall. .

SMOW-Standard (Sea Mean Ocean Water engl.) — **Standard** zur Bestimmung des $\delta^{18}O$-Werts von Wasser. —→ PDB-Standard.

Sonnenjahr —→ Jahr

Spaltung, spontane [lat.] — Spaltung von Atomkernen in Bruchstücke durch Einwirkung von Neutronnen oder andere Partikel hoher Energie.

Spätglazial — oberes **Pleistozän** nach Beendigung der letzten Großvereisung bis zum Beginn des Holozäns.

Spektrometrie [lat. + griech.] — Verfahren, die Frequenzen und Intensitäten elektromagnetischer Strahlung und im übertragenen Sinne die Bestandteile (**Isotope**, Moleküle) und Häufigkeiten von Mischungen zu bestimmen.

Speläologie [griech.] — Höhlenkunde.

Spin [engl.] — Drehimpuls des **Elektrons**.

Standard [germ.] — Eich-, Referenzsubstanz: - hier: Substanz bekannter Isotopenzusammensetzung oder bekannten bzw. definierten **Alters**.

→ SMOW-, PDB- und NBS-Standard

Standardabweichung [germ.] — Streumaß: Der **Erwartungswert** $\pm$ Standardabweichung bildet einen Bereich, in dem 68 % der Beobachtungswerte eines **Zufallsexperiments** liegen (Kap. 5.4.3). → Mutungsintervall.

stationäres Gleichgewicht → Gleichgewicht

Stichprobe — willkürliche Auswahl, von der aus auf die Gesamtheit geschlossen wird.

Strahlendosis [griech.] — von einem Körper absorbierte Strahlenenergie. Die Dosisrate (Einheit ist das **rad**) ist die pro Zeiteinheit absorbierte Strahlendosis.

Strahlenschädigung — durch Bestrahlung verursachte Änderung physikalischer und chemischer Substanzeigenschaften (Kap. 4.4).

Strahlung, radioaktive — Partikel (**Alpha-**, **Beta-**) und elektromagnetische Strahlung (Gamma-), die beim **radioaktiven Zerfall** emittiert wird.

Stratigraphie [lat. + griech.] — Arbeitsgebiet der Geologie, das sich mit der Aufeinanderfolge von Schichten, ihrem Gesteins- und Fossilinhalten befaßt. → Bio-, Litho- und Chronostratigraphie

Stratosphäre [lat. + griech.] — oberhalb der **Troposphäre** beginnende, bis in ca. 80 km Höhe reichende Luftschicht der Erde.

SUESS-Effekt (auch Industrie-Effekt) — Abnahme des ^{14}C-Gehalts des atmosphärischen Kohlendioxids seit Mitte des 19. Jahrhunderts, die durch ständig steigende **Injektion** von CO_2 aus der Verbrennung fossiler Energieträger (Kap. 4.1.1.6) bedingt ist.

SUESS-Korrektur — Umrechnung von in den 50iger Jahren ermittelten ^{14}C-Altern in **konventionelle**, sofern ein vom **SUESS-Effekt** betroffenes Holz als **Standard** verwendet worden ist (Kap. 4.1.1.6). → NBS-Oxalsäure-Standard

System [griech.], offenes, geschlossenes — Zusammenhang von Dingen, Vorgängen und Komponenten als geordnetes Ganzes. Ein offenes System steht im **Austausch** mit seiner Umwelt, ein geschlossenes nicht.

Szintillationszähler → Flüssigkeits-Szintillationszähler

TE — Tritium-Einheit = 1 Tritium-Atom pro 10^{18} Wasserstoff-Atome.

Teilchenbescheuniger → Beschleuniger

terrestrisch [lat.] — zum Festland gehörig.

terrigen [lat. + griech.] — vom Festland stammend.

Test [lat.], X^2 — statistisches Prüfverfahren von Stichprobenwerten, um ihre Zugehörigkeit zu einer gemeinsamen **Häufigkeitsverteilung** mit vorgegebener **Sicherheitswahrscheinlichkeit** (Kap. 5.4.4) festzustellen.

<u>Thermolumineszenz</u> (TL) [griech + lat.] — Eigenschaft einiger Stoffe, gespeicherte Strahlenenergie als charakteristisches Leuchten bei Erwärmung oder UV-Bestrahlung abzustrahlen (Kap. 4.4.1).

<u>Thermoremanenz-Magnetisierung</u> — **Magnetisierung ferro-** und **paramagneti**scher Stoffe, die nach Erhitzung über die **Curietemperatur** und Abkühlung im äußeren magnetischen **Feld** verbleibt (Kap. 4.5.1).

<u>TL</u> ⟶ Thermolumineszenz

<u>Tochterisotop</u> — das beim **radioaktiven Zerfall** aus einem **Mutternuklid** entstehende Folgeprodukt (Kap. 4.3).

<u>Tritium</u> — seltenes, **kosmogenes Radionuklid** des Wasserstoffs, das eine **Halbwertszeit** von 12,43 Jahren hat (Kap. 4.1.2).

<u>Troposphäre</u> [griech.] — untere, 6-8 km mächtige Schicht der **Atmosphäre**, in der das Wettergeschehen abläuft. Die Mächtigkeit der **Troposphäre** ändert sich mit der geographischen Breite und der Jahreszeit.

<u>"turbity currents"</u> [engl.] — Unterwasser-Schlammlawinen, die am Rande der Kontinentalabhänge vorkommen und zu Störungen der Schelf- und Tiefseesedimente führen können.

<u>Ungleichgewicht, radioaktives</u> — durch chemische oder physikalische Prozesse gestörtes **radioaktives Gleichgewicht.**

<u>Vektor</u> [lat.] — Rechengröße, die durch den Betrag und die Richtung festgelegt ist und als Pfeil dargestellt wird.

<u>Vertrauensintervall</u> ⟶ Mutungsintervall

<u>Verweilzeit, radiometrische</u> — nach einem **Modell**, z.B. dem **Exponentialmodell** (Kap. 6.5.2.2), aus einer **Isotopenkonzentration** berechneter mittlerer Alterswert.

<u>Wahrscheinlichkeit</u> — Grenzwert der **Häufigkeit** für unendlich viele Realisationen eines **Zufallsexperiments.** Die Wahrscheinlichkeit ist für bestimmte Experimente (z.B. Würfeln) theoretisch vorgegeben.

<u>Westwärtsdrift</u> — Westwärtswanderung erdmagnetischer Anomalien als Folge der Bewegung des **Nichtdipolfelds** (Kap. 4.5.1).

<u>Zählrohr</u> — Strahlendetektor, der Stromimpulse liefert, deren Häufigkeit der **Aktivität** und bei Proportional-Zählrohren deren Größe auch der Energie der nachzuweisenden **Strahlung** proportional ist (Kap. 3.1).

Zerfallsgesetz, radioaktives — die Zerfallsrate ist der Zahl der Radionuklide und der Zerfallskonstante proportional (Kap. 2.1).

Zerfallskonstante — isotopenspezifische Konstante. Sie entspricht der Wahrscheinlichkeit, mit der ein Radionuklid pro Zeiteinheit zerfällt. Die Halbwertszeit ist der Zerfallskonstante umgekehrt proportional (Kap. 2.1).

Zerfallsrate (Aktivität) — Zahl der Atomzerfälle pro Zeiteinheit.

Zerfallsreihe, natürliche — Radionuklide, die untereinander in genetischem Zusammenhang stehen. Es gibt die ^{238}U-, ^{235}U- (Fig. 10) und ^{232}Th-Zerfallsreihen (Kap. 4.3). → Gleichgewicht, radioaktives

Zufallsexperiment — Versuch, bei dem das Ergebnis vom Zufall abhängt (z.B. Atomzerfälle innerhalb einer vorgegebenen Zeitspanne).

CLAUSTHALER GEOLOGISCHE ABHANDLUNGEN

Heft Nr. **1**, 1965; Adler, R. E., Krausse, H.-F., Lautsch, H. Pilger, A.: **Beiträge zur Tektonik des nördlichen Ruhrkarbons.** 167 S., 62 Abb., 1Tab., brosch., Pr.: DM 10,–

Heft Nr. **2**, 1965; Krausse, H.-F.: **Gefügeachsen im westlichen Teil des Vestischen Hauptsattels (nördliches Ruhrgebiet) und ihre Beziehung zu den übrigen tektonischen Elementen.** 114 S., 191 Abb., 7 Tab., 2 Taf., brosch., Pr.: DM 10,–

Heft Nr. **12**, 1979; Pilger, A. et. al.: **Beiträge zur Geologie und Paläontologie des Paläozoikums der Spanischen Westpyrenäen.** 95 S., 10 Abb., 3 Tab., m. Tafelband 12 A, brosch., Pr.: DM 25,–

Heft Nr. **13**, 1972; Requadt, H.: **Zur Stratigraphie und Fazies des Unter- und Mitteldevons in den spanischen Westpyrenäen.** 113 S., 40 Abb., 1 Taf., brosch.. Pr.: DM 10,–

Heft Nr. **14**, 1972; Dennert, H., Hintze, J., Mohr, K., Pilger, A.: **Erläuterungen zur Gangkarte des Stadtgebietes von Clausthal-Zellerfeld** – Mohr, K.: **Geologische Exkursion in den nordöstlichen Westharz.** 38 S., 7 Abb., 2 Taf., brosch., Pr.: DM 10,–

Heft Nr. **17**, 1973/74; Pilger, A., Rösler, A. und Schwan, W.: **Zeitlich-tektonische Zusammenhänge bei der Plattentektonik.** XII und 85 S., 16 Abb., 1 Tab., brosch., Pr.: DM 20,–

Heft Nr. **22**, 1979; Müller, Rainer: **Stratigraphie, Metamorphose und Tektonik devonischer Aufbrüche im Bereich der mittleren Westpyrenäen (oberes Baztân-Tal, Navarra, Spanien).** 146 S., 51 Abb., 2 Tab., 7 Karten-Anlagen, brosch., Pr.: DM 20,–

Heft Nr. **23**, 1975; Ahmadzadeh Heravi, M.: **Stratigraphie und Fauna im Devon des östlichen Elburs (Iran).** 114 S., 3 Abb., 3 Tab., 11 Taf., brosch., Pr.: DM 15,–

Heft Nr. **29**, 1978: Juch, D.: **Geologie des Äthiopischen Südost-Escarpments zwischen 39° und 42° östlicher Länge.** 139 S., 21 Abb., 3 Taf., brosch., Pr.: DM 25,–

Heft Nr. **31**, 1978; Müller, G.: **Die magmatischen Gesteine des Harzes.** Ihre petrographische und geochemische Zusammensetzung sowie die Bildungsbedingungen der Schmelzen und deren tektonische und zeitliche Platznahme. 92 S., 15 Bilder, 19 Tab., brosch., Pr.: DM 20,–

Heft Nr. **32**, 1978; Pilger, A.: **Die tektonische Erforschung der Alpen zwischen 1787 und 1915.** 81 S., 8 Bilder, 52 Abb., brosch., Pr.: DM 20,–

Heft Nr. **35**, 1979; Schönfeld, Markwart: **Stratigraphische, fazielle, paläogeographische und tektonische Untersuchngen im Oberen Malm des Deisters, Osterwaldes und Süntels (NW-Deutschland).** 270 S., 15 Abb., 6 Tab., 7 Taf., brosch., Pr.: DM 25,–

Heft Nr. **36**, 1980; Hosseinidust, S. Dj.: **Klüfte und Stylolithen am nordwestlichen Harzrand und im Lutterer Sattel in ihrer Bedeutung für die tektonische Auflösung dieses Gebietes.** 61 S., 2 Abb. im Text, 1 Fototaf., 6 Diagr.-Taf., 7 Taf., brosch., Pr.: DM 22,–

Heft Nr. **37**, 1980; Müller, G.: **Die Sedimentgesteine des Harzes.** 83 S., 8 Bilder, 1 Entw.-Schema, 25 Tab. im Text, 10 S. Tab. im Anhang, brosch., Pr.: DM 22,–

Heft Nr. **38**, 1980; Schuster, A. K.: **Geologische und petrographische Untersuchungen im Danubikum der Südkarpaten, Paring-Gebirge, Rumänien.** 178 S., 51 Bilder, 34 Tab., 5 Taf., brosch., Pr.: DM 25,–

Heft Nr. **39**, 1981; Frankenfeld, H.: **Krustenbewegungen und Faziesentwicklung im Kantabrischen Gebirge (Nordspanien) vom Ende der Devonriffe (Givet/Frasne) bis zum Tournai.** 91 S., 82 Abb., 1 Tab., brosch., Pr.: DM 22,–

Heft Nr. **40**, 1981; Frank, H.: **Die Naturwerksteine in der Altstadt von Goslar und ihre Vorkommen in der Umgebung der Stadt.** 247 S., 21 Abb., 17 Tab., 26 Taf., brosch., Pr.: DM 35,–

Heft Nr. **41**, 1981; Pilger, A. und Rösler, A. (Hgb.): **Nordwestlicher Harzrand und Vorland – Geologische Erläuterungen und Exkursionen.** 168 S., 42 Abb., 11 Tab., 1 Taf. (als Anlage: Gangkarte des Stadtgebietes von Clausthal-Zellerfeld), vergriffen, Neuauflage s. Sonderband 2, 1984

Heft Nr. **42**, 1982; Wutzler, B.: **Geologisch-lagerstättenkundliche Untersuchungen am Mont Chemin (Nordöstliches Mont Blanc-Massiv).** 111 S., 32 Abb., 6 Tafelanlagen, brosch., Pr.: DM 25,–

Heft Nr. **43**, 1983; Strauß, K. W.: **Geologie und Petrologie der Vulkanite des Hohensolmser Deckdiabas-Gebietes / Lahnmulde.** 110 S., 34 Abb., 34 Tab., brosch., Pr.: DM 25,–

Heft Nr. **44**, 1983; Sotiriadis, L., Psilovikos, A., Vavliakis, E., Syriadis, G.: **Some Tertiary and Quaternary Basins of Macedonia/Greece – Formation and Evolution.** 87 S., 17 Fig., 6 Tab., 13 Taf., brosch., Pr.: DM 25,–

SONDERBÄNDE DER CLAUSTHALER GEOLOGISCHEN ABHANDLUNGEN

Heft **1**, 1975; Pilger, A., Schönenberg, R., Weißenbach, N. (Hbg.): **Geologie der Saualpe.** Vergriffen

Heft **2**, erscheint im April 1984; Pilger, A. und Rösler, A.: **Nordwestlicher Harz und Vorland – Geologische Erläuterungen und Exkursionen.** Ca. 200 S., brosch., Pr.: ca. DM 25,–

Heft **3**, erscheint im April 1984; Pilger, A.: **Geologie und Kulturgeschichte im Raum Goslar. Zusammenhänge und Exkursionen.** Ca. 150 S., brosch., Pr.: ca. DM 20,–

ANHANG II

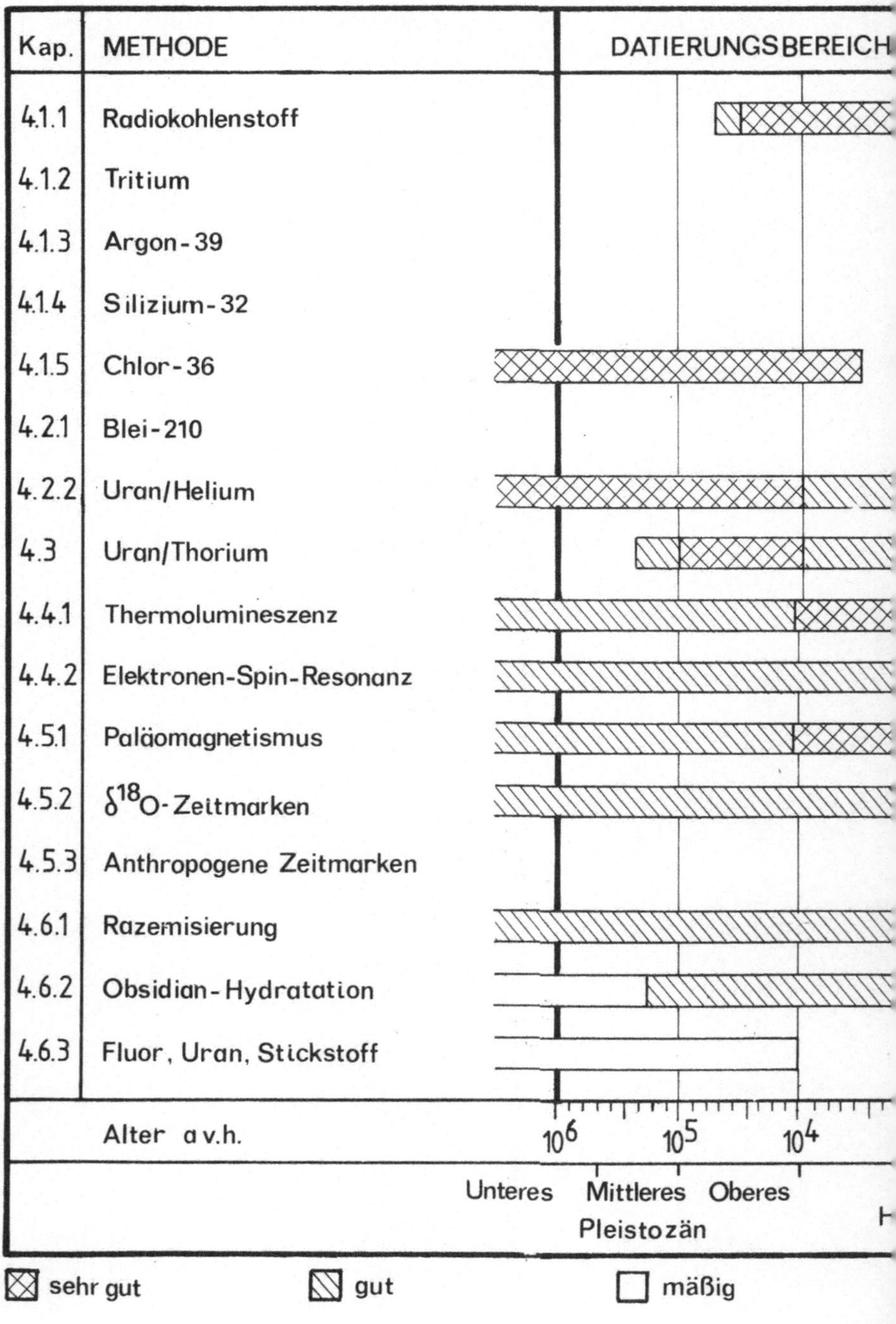

Kap.
METHODE
DATIERUNGSBEREICH
4.1.1
Radiokohlenstoff
4.1.2
Tritium
4.1.3
Argon-39
4.1.4
Silizium-32
4.1.5
Chlor-36
4.2.1
Blei-210
4.2.2
Uran/Helium
4.3
Uran/Thorium
4.4.1
Thermolumineszenz
4.4.2
Elektronen-Spin-Resonanz
4.5.1
Paläomagnetismus
4.5.2
$\delta^{18}O$-Zeitmarken
4.5.3
Anthropogene Zeitmarken
4.6.1
Razemisierung
4.6.2
Obsidian-Hydratation
4.6.3
Fluor, Uran, Stickstoff
Alter a v.h.
10^6
10^5
10^4
Unteres
Mittleres
Oberes
Pleistozän
sehr gut
gut
mäßig

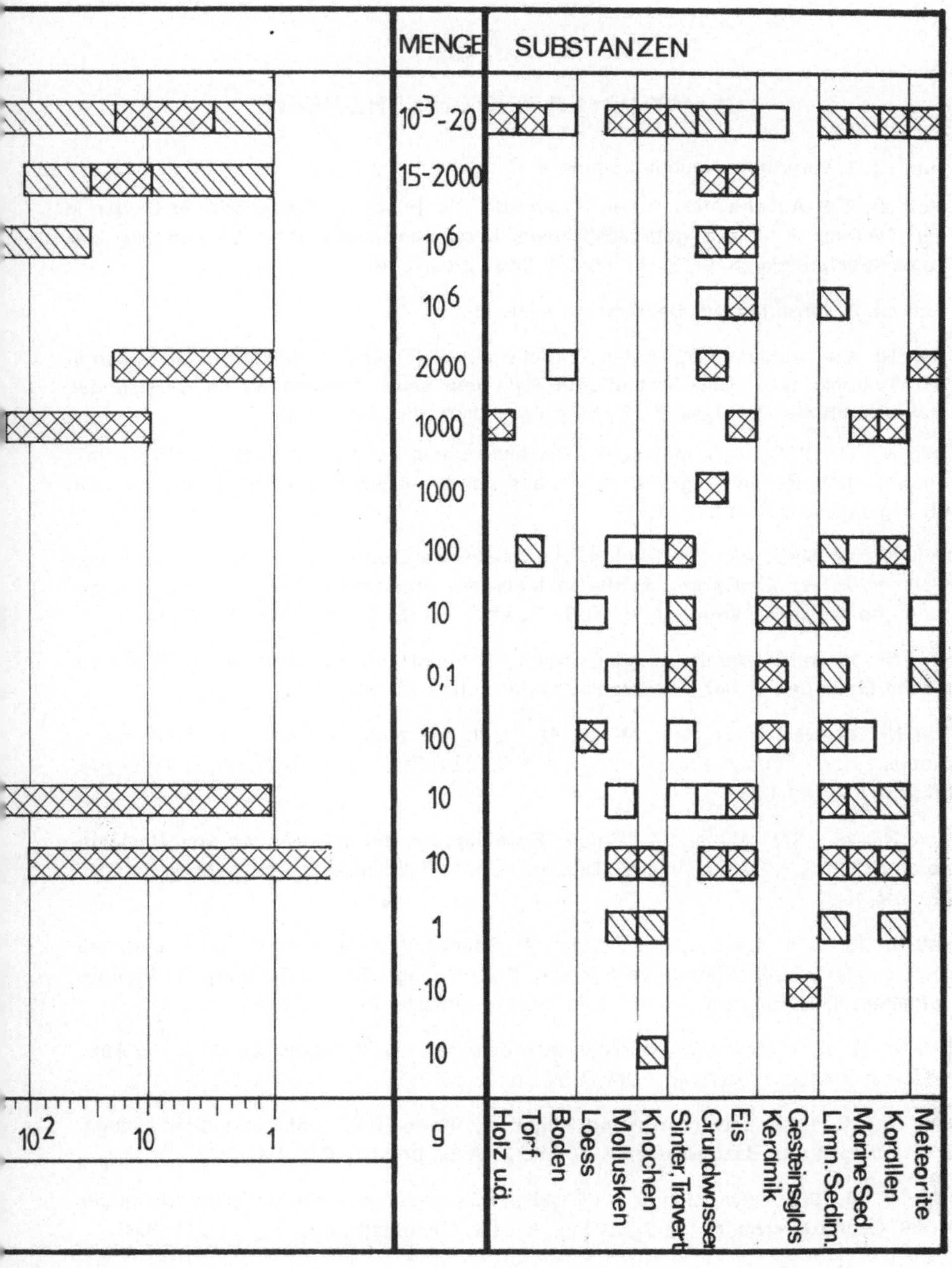

MENGE	SUBSTANZEN

Menge (vertikal):
10^3-20
15-2000
10^6
10^6
2000
1000
1000
100
10
0,1
100
10
10
1
10
10

g

10^2 — 10 — 1

Substanzen:
Holz u.ä.
Torf
Boden
Loess
Mollusken
Knochen
Sinter, Travert.
Grundwasser
Eis
Keramik
Gesteinsglas
Limn. Sedim.
Marine Sed.
Korallen
Meteorite

CLAUSTHALER TEKTONISCHE HEFTE

Heft Nr. **1**, vergriffen, Neubearbeitung s. H. 12

Heft Nr. **2**, 3. Auflage 1965; Adler, R., Fenchel, W., Pilger, A.: **Statistische Methoden in der Tektonik I. — Die gebräuchlichsten Darstellungsarten ohne Verwendung der Lagenkugelprojektion.** 97 S., 51 Abb., 9 Tab., brosch., Pr.: DM 13,80

Heft Nr. **3**, vergriffen, Neubearbeitung s. H. 16

Heft Nr. **4**, 4. Auflage 1982; Adler, R., Fenchel, W., Pilger A.: **Statistische Methoden in der Tektonik II. — Das Schmidtsche Netz und seine Anwendung im Bereich des makroskopischen Gefüges.** 89 S., 60 Abb., brosch., Pr.: DM 13,80

Heft Nr. **11**, 1971; Geyh, Mebus, A.: **Die Anwendung der ^{14}C-Methode.** Die Entnahme, Auswahl und Behandlung von ^{14}C-Proben sowie Auswertung und Verwendung von ^{14}C-Ergebnissen. 2. Aufl., s. H. 19

Heft Nr. **12**, Nachdruck 1981; Flick, H., Quade, H., Stache, G.-A., mit Beiträgen von Wellmer, F. W.: **Einführung in die tektonischen Arbeitsmethoden.** — Schichtenlagerung und bruchlose Verformung. 96 S., 54 Abb., 2 Tab., brosch., Pr.: DM 13,80

Heft Nr. **13**, 1972; Wendt, I., mit Beiträgen von Lenz, H. und Schoell, M.: **Radiometrische Methoden in der Geochronologie.** 2. Aufl. erscheint 1984

Heft Nr. **14**, Nachdruck 1981; Müller, G., Raith, M.: **Methoden der Dünnschliffmikroskopie.** Dritte neubearbeitete Auflage, 151 S., 38 Abb. im Text, 6 Tab. und 1 Beilage, brosch., Pr.: DM 19,80

Heft Nr. **15**, 1977; Müller, G., Braun, E,: **Methoden zur Berechnung von Gesteinsnormen.** 126 S., 17 Bilder und 23 Tab. im Text, 2 Flußdiagramme im Anhang, brosch., Pr.: DM 15,80

Heft Nr. **16**, 1978; Krausse, H.-F., Pilger, A., Reimer, V., Schönfeld, M., unter Mitarbeit von Domalski, R.: **Bruchhafte Verformung, Erscheinungsbild und Deutung, mit Übungsaufgaben.** 85 S., 39 Abb., 1 Tab., 5 Fototafeln, brosch., Pr.: DM 13,80

Heft Nr. **17**, 1982; Meyer, W.: **Geologisches Zeichnen und Konstruieren.** 89 S., 60 Abb., 1 Tab., A Anlage, brosch., Pr.: DM 18,50 Uhr

Heft Nr. **18**, 1982; Lautsch, H. und Pilger, A.: **Karte, Riß, Profil und Nordrichtung. I. Grundlagen und Bezugssysteme.** 101 S., 28 Abb., brosch., Pr.: DM 18,50

Heft Nr. **19**, 1983; Geyh, Mebus, A.: **Physikalische und chemische Datierungsmethoden in der Quartärforschung.** 163 S., 21 Fig., 6 Tab., 1 Faltblatt, brosch., Pr.: DM 19,80

Heft Nr. **20**, 1984; Quade, H.: **Die Lagenkugelprojektion in der Tektonik — Das SCHMIDTsche Netz und seine Anwendung.** Ca. 130 S., 65 Abb., 50 Übungsaufgaben mit Lösungen. Erscheint etwa